The Manual of Breads
빵 ― 취급설명서

Hiroaki Ikeda · Yuriko Yamamoto 지음

황세정 옮김

GREENCOOK

「아, 아까워라!」

빵을 너무 사랑하는 나는 다양한 시간, 다양한 장소에서 이런 생각을 합니다. 빵집에서 간식빵이나 조리빵이 날개 돋친 듯 팔린 후 선반에 단단한 하드계열 빵만 남아 있을 때라든가, 빵 관련 행사에서 크고 단단한 하드계열 빵을 그대로 씹어 먹는 사람을 보았을 때 말이죠. 그럴 때면 「다들 하드계열 빵은 먹어 볼 생각조차 하지 않고 무작정 싫어하는 거 아냐?」, 「저렇게 먹으면 하드계열 빵은 단단해서 먹기 힘들다는 나쁜 인상만 남을 것 같은데……」라는 생각이 듭니다. 결국 「그래! 내가 사람들에게 빵을 맛있게 먹는 방법을 알려 주자!」라는 마음 하나로 이 『빵 – 취급설명서』를 쓰게 되었습니다.

일본은 세계 각국의 빵을 맛볼 수 있는 나라입니다. 빵을 주로 먹는 나라는 그 빵을 먹는 다양한 방법이 있고, 그 나라 사람들은 자연스레 익힌 그 방법으로 빵을 맛있게 먹습니다. 일본인이 오차즈케든 낫토든, 냉장고 속 재료와 함께 별 고민 없이 밥을 차려 먹는 것과 같은 이유입니다. 이 책에서는 그렇게 빵을 먹는 방법을 소개합니다.

요즘 빵집에서는 정말 다양한 종류의 빵을 굽습니다. 종류가 많은 곳은 거의 100가지나 됩니다. 그래서 일이 많아지고 그러다 보니 장시간 노동에 시달리는 제빵사가 많습니다. 간단한 빵(식사빵)을 사서, 집에서 다양한 방법으로 먹게 된다면 이런 풍조도 조금씩 바뀔 것입니다.

빵을 사랑하고 깊이 이해하려면, 속재료 맛으로 먹는 간식빵이나 조리빵보다 단순한 빵을 고르는 것이 정답입니다. 이런 빵을 먹으면 밀의 풍미도 제대로 느낄 수 있습니다. 「국산 밀이 확실히 맛있네」하며 사람들이 밀의 가치를 알아주면, 생산자도 그만큼 보답을 받고 그 나라의 농업도 발전하여 환경도 좋아질 거라는, 그런 거창한 상상을 해 봅니다. 저 혼자서 짊어지기에는 쉽지 않은 사명입니다. 그래서 세계 각국의 빵, 요리, 과자를 연구하는 야마모토 유리코와 팀을 꾸렸습니다. 이 책에서는 일본에서 많이 팔리는 12가지의 빵을 선정해서, 자르는 방법부터 맛내는 방법까지 소개합니다(그 뒷이야기는 「현장특파원 소식」에 나옵니다).

각 빵의 챕터마다 그 빵이 탄생한 나라의 전문가에게 이야기를 듣고, 간단히 만들 수 있는 레시피부터 정성을 제법 들여야 하는 레시피까지 폭넓게 담았습니다. 책 마지막의 「빵을 위한 식재료별 레시피 모음집」은 집에 있는 식재료로 만들 수 있는, 샌드위치나 빵과 어울리는 요리를 재료부터 찾아볼 수 있게 구성한 레시피 모음집입니다.

「빵을 어떻게 먹어야 할지」 더는 고민할 필요 없습니다. 빵집에서 빵을 샀다면 이 책을 가볍게 펼쳐 보세요. 틀림없이 답이 이 안에 있을 겁니다.

당신의 빵을 「틀림없이」 맛있게 만들어 드리겠습니다!

Hiroaki Ikeda · Yuriko Yamamoto

CONTENTS

가장 간단한 빵 설명

빵이란 무엇인지 알기 쉽게 10가지로 정리했다.
먼저, 빵이란 무엇인지 알아보자.

❶ 빵은 무엇으로 이루어져 있을까?

빵에는 가루(밀가루, 호밀가루 등), 물, 효모, 소금 등 이 4가지 재료가 반드시 들어간다(예외도 있다). 재료에 따라 2가지 타입으로 나뉜다.

린 계열
4가지 재료 + 약간의 부재료(설탕이나 지방 등)
바게트, 뤼스티크, 캉파뉴, 식빵, 곳페빵, 호밀빵, 베이글

리치 계열
4가지 재료 + 지방(버터 등), 달걀, 우유(또는 생크림), 설탕
크루아상, 리치한 식빵, 버터롤, 간식빵 등

이와 비슷하게 크러스트(껍질)가 단단한 「하드계열」과, 크러스트가 크럼(속살)처럼 부드러운 「소프트계열」로 나누기도 한다.

❷ 빵은 어떻게 만들까?

빵을 만드는 방법에는 몇 가지가 있는데, 간단한 「스트레이트법」으로 만드는 과정을 소개한다.

① 반죽
믹싱이라고도 한다. 재료를 골고루 섞는다.

② 발효 (1차발효)
효모의 활동으로 빵 반죽을 부풀리거나 풍미를 더한다.

③ 분할
1개 분량으로 반죽을 나눈다.

④ 성형
반죽을 둥글게 만들거나 틀에 넣어 모양을 만든다.

⑤ 최종발효(2차발효)
발효를 더 진행하여 가장 적합한 상태로 만든다.

⑥ 굽기
오븐에 넣어 굽는다.

❸ 빵을 부풀리는 「빵효모」

빵효모는 밀가루 등에 포함된 당분을 영양분으로 활동하며, 탄산가스와 알코올을 배출한다. 이를 「발효」라고 한다. 탄산가스를 배출하는 과정에서 반죽이 부풀며, 알코올의 풍미로 빵이 맛있어진다.

❹ 빵의 주재료인 「가루」

빵을 만들 때 가장 많이 사용하는 가루는 「밀가루」로, 단백질 함유량이 많은 강력분을 사용한다.

밀가루 속 단백질이 물과 섞이고, 여기에 반죽 과정이 더해지면 글루텐이 형성된다. 글루텐에는 고무 같은 성질이 있어, 효모가 배출한 탄산가스를 풍선처럼 담아내면서 빵이 부푼다.

❺ 빵에 더하는 「물」

빵에는 물이 70% 정도 들어간다. 가루 속 전분에 물과 열이 더해지면 전분이 호화(자세한 내용은 p.125 참조)하면서 빵의 식감과 맛이 생겨난다. 반죽에 넣는 물의 양을 늘리면 더욱 쫄깃해지고 입안에서 잘 녹는 반죽이 완성된다.

❻ 빵맛에 대해 알아보자(가루)

밀가루 외에도 전립분, 호밀가루, 쌀가루 등을 사용한다.

밀가루는 밀알을 덮고 있는 껍질부분(밀기울)을 제거하여, 흰 가루를 낸 것이다. 맛이 비교적 깔끔하며 잘 늘어나는 반죽이 된다. 전립분은 밀기울을 제거하지 않고(일부만 제거하기도 한다), 밀알을 통으로 빻은 것이다. 풍미가 강하며 반죽이 잘 늘어나지 않는 묵직한 빵이 완성된다.

호밀가루는 대부분 전립분이며, 회색빛을 띤다. 호밀 속 단백질이 글루텐을 형성하지 않으므로(자세한 내용은 p.92 참조) 조직이 촘촘하고 묵직한 빵이 완성된다.

쌀가루는 글루텐이 형성되지 않아, 일반적으로 밀가루에 섞어서 사용한다. 밥처럼 쫄깃한 식감의 빵이 완성된다.

❼ 빵맛에 대해 알아보자(빵효모 / 발효종)

빵효모(이스트)는 빵에 적합한 균주만 골라 순수배양한 것으로, 다루기 쉽고 발효력이 안정적이라는 것이 특징이다. 일반적인 빵의 풍미가 난다. 발효종(흔히 말하는 천연효모)에는 여러 효모와 균이 있어 독특한 풍미, 향, 신맛, 감칠맛을 지닌 빵이 완성된다. 다만 발효력이 이스트보다 약하여 시간과 노력이 더 든다.

❽ 빵의 형태에 대해 알아보자

빵은 바깥쪽의 「크러스트(껍질)」와 안쪽의 부드러운 「크럼(속살)」으로 구성되어 있다. 바게트처럼 껍질의 맛을 즐길 수 있는 빵, 식빵처럼 속살의 맛을 즐길 수 있는 빵 등 형태에 따라 그 비율이 달라진다.

일반적으로 껍질은 단단하고 풍미가 진하다. 속살은 부드럽고 촉촉하며 풍미가 섬세하다.

❾ 자르는 방법에 따라 맛이 달라진다

빵은 자르는 방법에 따라 먹기 편한 정도나 맛을 느끼는 방식이 의외로 크게 달라진다. 예를 들어 같은 식빵을 두께에 따라 4장(3㎝), 5장(2.4㎝), 6장(2㎝), 8장(1.5㎝), 12장(1㎝)으로 다르게 잘라 파는 것은, 토스트용이나 샌드위치용 등 먹는 목적이 다르기 때문이다. 두껍게 잘라야 맛있는 빵, 얇게 잘라야 맛있는 빵이 있다.

❿ 굽는 방법에 따라 맛이 달라진다

빵은 자르는 방법뿐 아니라 굽는 방법에 따라서도 맛이 크게 달라진다. 구운 색이 충분히 들어야 맛있는 경우, 구운 색이 들지 않아야 맛있는 경우가 있고, 굽지 않는 편이 맛있는 빵도 있다.

이 책의 사용법

이 책은 가장 대중적인 빵 12가지에 대한 취급설명서다. 기본정보(기원·어원/재료 포함), 만드는 방법의 특징, 자르는 방법, 굽는 방법, 응용방법, 본고장의 먹는 방법, 그 밖의 먹는 방법 중에 각 빵을 맛있게 먹는 데 유용한 정보를 골라서 소개한다. 빵에 관련된 기초지식과 빵을 맛있게 먹기 위한 레시피 모음집을 책 마지막에 정리했다.

본문에 대하여
- 빵 이름은 일반적인 것을 표기한다.
- 프=프랑스, 영=영국, 이=이탈리아, 독=독일, 미=미국을 뜻한다.

재료에 대하여
- ( )로 표시한 재료는, 경우에 따라 들어갈 때도 있는 재료다.

자르는 방법에 대하여
- 빵을 깔끔하게 자르는 요령은 p.130 참조.

굽는 방법에 대하여
- 오븐토스터는 1000W 제품을 사용한다.
- 「예열」이란 빵을 넣기 전에 오븐 내부를 데우는 작업이다.

레시피에 대하여
- 본문 레시피 관련 주의사항은 p.133 「레시피 이용 가이드」 참조.

어울리는 술에 대하여
- 「먹는 방법」의 레시피에서는 어울리는 술도 소개한다.
- 레드와인에서 라이트 = 라이트 바디, 미디엄 = 미디엄 바디, 풀 = 풀 바디를 의미한다.
- 아래에도 서로 잘 어울리는 술과 빵을 정리해 두었으니, 참고해서 페어링을 즐겨 보자.

스파클링와인 크루아상, 브리오슈
레드와인 캉파뉴
위스키 바게트, 산형식빵, 캉파뉴
하이볼 튀김류, 베이컨이 들어간 빵
사케 치즈가 들어간 빵 / 단맛이 좋다면 팥빵이나 크림빵 / 무난한 맛이 좋다면 올리브가 들어간 빵 / 매운맛이 좋다면 고로케빵
소주 보리소주에는 바게트

바게트

가장 단순해서 무한한 가능성을 지닌다

기원·어원

19세기 초 프랑스 파리에서 탄생한 도시적인 빵(여러 설이 있다).
바게트는 프랑스어로 「지팡이」라는 뜻이다.
영어의 「스틱」과 동의어.

재료

밀가루, 물, 소금, 빵효모, (몰트)

밀가루, 물, 소금, 효모. 가장 적은 재료로 만들 수 있는 기본빵
이다. 둥근 모양인 불(boule)에 비해 오븐 안쪽까지 촘촘히 넣
을 수 있어 굽는 시간도 적게 들고, 샌드위치 만들 때 자르는 횟
수도 줄일 수 있다. 속살보다 껍질을 좋아하는 국민성과도 잘
맞아, 막대모양의 바게트는 널리 퍼졌다.

프랑스 사람은 아침, 점심, 저녁 식사로 늘 바게트를 먹는다. 요
리에도 곁들이고 샌드위치도 만든다. 프랑스 음식의 근본으로,
밥과 같은 존재다.

끝부분과 바닥이 바삭하고 쿠프 주변은 거칠다. 속살은 의외로
촉촉하다. 노릇한 쿠프 끝부분부터 밀의 섬세한 풍미를 맛볼 수
있는 속살까지 맛의 범위가 넓어서 고기, 생선, 채소, 서양음식,
동양음식을 가리지 않고 다양한 요리에 활용할 수 있다. 버터를
바르면 초콜릿이나 콩피튀르와도 잘 어울려, 아이들이 좋아하
는 간식으로 탈바꿈한다.

하지만 건조해지기 쉽다는 단점이 있다. 갓 구운 시점부터 시간
이 지날수록 풍미가 떨어진다. 「프랑스 사람은 하루 지난 바게
트는 먹지 않는다」라는 말이 있을 정도다. 맛있게 먹고 싶다면
다음 날 아침이 아니라 당일 먹는 것이 좋다.

쿠프

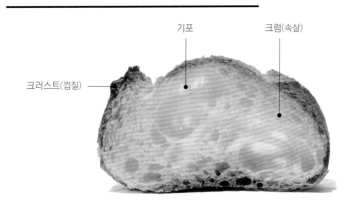

기포   크럼(속살)

크러스트(껍질)

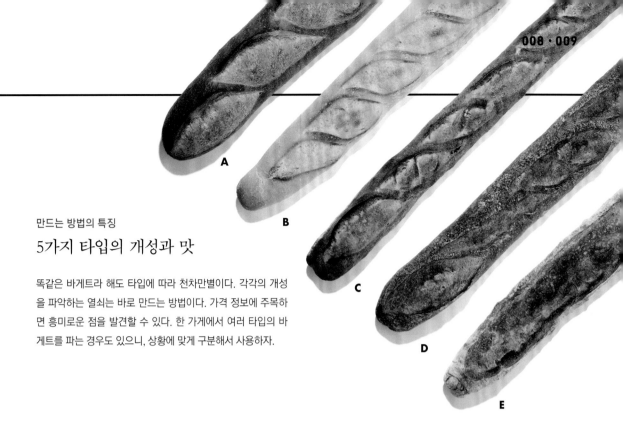

만드는 방법의 특징

5가지 타입의 개성과 맛

똑같은 바게트라 해도 타입에 따라 천차만별이다. 각각의 개성을 파악하는 열쇠는 바로 만드는 방법이다. 가격 정보에 주목하면 흥미로운 점을 발견할 수 있다. 한 가게에서 여러 타입의 바게트를 파는 경우도 있으니, 상황에 맞게 구분해서 사용하자.

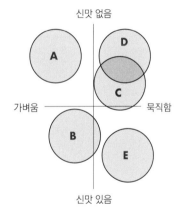

A 기본 바게트(스트레이트법)

만드는 방법

빵의 신이라 불린 레이몽 칼벨이 도입한 대표적인 방법으로, 3시간 동안 1차발효를 한다.

특징

폭신하고 가벼우며, 껍질은 바삭하여 씹는 맛이 있다. 먹기 편하다.

어울리는 요리

달걀 요리나 샐러드 등 가벼운 요리, 햄버그 등 양식계열.

B 이스트 · 르뱅을 함께 사용

만드는 방법

이스트와 르뱅종을 함께 사용. 전날 반죽을 성형하여 냉장고에 하룻밤 휴지. 메종 카이저(파리의 유명 빵집) 계열에서 사용한다.

특징

르뱅종 특유의 야생적인 향이 나며, 식감은 비교적 가볍다.

어울리는 요리

닭이나 흰살생선 등 간을 약하게 해서 재료의 맛을 살린 요리를 제외한, 대부분의 요리.

C 장시간 발효

만드는 방법

굽기 전날 반죽해서 하룻밤 숙성시킨다. 숙성 중에 밀에서 당분이나 감칠맛 성분이 분해되어 단맛이 생긴다.

특징

껍질색이 진하고 풍미도 진하다. 많이 부풀지 않으며, 식감도 묵직하다.

어울리는 요리

진한 소스가 들어간 요리나 조림 등 진한 맛의 요리.

D 바게트 트레디션 / 전립분

만드는 방법

성분무조정 밀가루로 만드는 것이 「트레디션」(전통)이다. 밀의 맛이 진한 부분이나 전립분을 사용하는 경우도 있다.

특징

식감이 묵직하고 풍미도 진하다. 긴 여운이 남는다.

어울리는 요리

식재료의 느낌을 살린 요리. 오리고기나 양고기 등 풍미가 강한 고기 요리.

E 바게트 캉파뉴(발효종)

만드는 방법

캉파뉴 반죽(p.28 참조)을 바게트모양으로 성형한다. 흰 밀가루, 르뱅종, 전립분, 호밀을 사용한다.

특징

풍미가 가장 진하며, 씹는 맛이 있다.

어울리는 요리

특유의 맛과 향이 있는 요리. 숙성되어 강한 향이 나는 치즈, 햄, 어패류 수프 등.

자르는 방법
자르는 방법이 달라지면 맛도 달라진다

↓ ↓ ↓

주사위모양 자르기
가로세로 1.5㎝, 2㎝ 크기가 적당하다. 크루통(아래 참조)은 수프, 샐러드, 오믈렛(p.135 참조)에 사용한다.

크루통
내열접시에 가로세로 1.5㎝로 네모나게 자른 빵을 넓게 올려, 전자레인지(500W)에 2분 가열한다. 전체를 섞어서 다시 넓게 올리고 1분 가열한다. 올리브 오일(또는 녹인 버터)을 적당량 섞고, 오븐토스터에 노릇해질 때까지 굽는다.

막대모양 자르기
막대모양으로 자르고, 강도가 생기도록 토스트한 다음 딥이나 페이스트 등을 찍어 먹는다.

외프 아 라 코크
(껍질 안 깐 삶은 달걀)
막대모양으로 자른 빵을 토스트한다. 달걀을 반생으로 삶고(p.134 참조), 윗부분을 껍질째 잘라낸다. 소금, 후추를 뿌리고 노른자를 찍어 먹는다.

얇게 자르기
두께 1㎝ 내외로 자르며, 취향에 따라 토스트해도 좋다. 비스듬히 슬라이스하면 단면이 넓어진다.

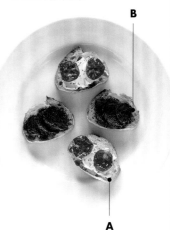

B

A

카나페 2가지
두께 1㎝로 잘라, A 굽지 않고 크림치즈를 발라서 홈메이드 세미드라이 토마토(p.144 참조)를 올린 다음 에르브 드 프로방스(프랑스 남부산 믹스허브)를 뿌린다. B 토스트한 다음 홈메이드 타프나드(p.153 참조)를 바른다.

바게트는 자르는 방법에 따라 놀랄 만큼 맛이 변한다. 어떤 부분을, 어느 방향, 어느 정도 두께로 잘라야 할까.
먹는 방법, 요리에 맞게 자르는 방법을 설명한다. 바게트는「단단해서 먹기 힘들다」는 선입견이 사라질 것이다.

둥글게 자르기
수직으로 또는 비스듬히 두께 2~3㎝로 둥글게 자르고, 인원수에 맞는 분량을 빵바구니 등에 담아 내놓는다.

조림 요리 등
「간단한 뵈프 부르기뇽」이나「닭모래집 콩피 샐러드」같은 요리(p.18~19 참조)에 곁들인다. 먹을 때는 빵을 바구니에서 1조각만 꺼내어, 자신의 빵 접시 등에 옮긴다.

수평 칼집 내기
샌드위치에 적합하다. 옆면 중앙에 칼집을 낸다. 중앙보다 살짝 위쪽에서 비스듬히 칼집을 내면, 속재료가 잘 보인다.

햄 샌드위치
접시에 본레스햄 2장을 펼친 다음, 화이트와인을 적당량 붓고 후추를 뿌려서 냉장고에 최소 10분 정도 둔다. 빵에 칼집을 내고, 안쪽에 버터(되도록 무염) 10g을 바른 다음 와인을 털어낸 햄, 홈메이드 피클(오이/p.149 참조)을 순서대로 넣는다.

수평 자르기
타르틴(프랑스식 오픈샌드위치)에 적합하다. 바게트를 옆면으로 세우고 바로 위에서 칼을 찔러 넣으면 자르기 쉽다.

피살라디에르풍 타르틴
빵 단면에 양파 콩피(p.145 참조)를 적당량 넓게 올리고, 슬라이스한 블랙 올리브 2알, 가늘게 자른 안초비 필레 1개 분량을 얹는다. 올리브오일을 두르고, 오븐토스터에 빵 가장자리가 바삭해질 때까지 굽는다.

굽는 방법

하루 지난 바게트를 되살린다

굽는 방법의 기본

하루 지난 빵을 토스터에 다시 구우면 껍질이 단단해지고 속살은 퍽
퍽해진다. 그래서 수분을 보충하는 동시에 알루미늄포일로 감싸서 열
이 직접 닿지 않게 한다. 마지막에는 알루미늄포일을 벗겨서 껍질이
바삭해지도록 굽는다.

껍질에는 뿌리지 않는다

1 원하는 모양으로 자른다(p.10~11 참조).

2 분무기로 양쪽면에 물을 1번씩 뿌린다.

바게트 스테이크

시간이 지나 바게트가 말라 버렸다면 차라리 바삭하게 구워 버리자.
프라이팬 하나로 만들 수 있는 바게트 스테이크를 추천한다. 양쪽 단
면을 노릇하게 굽는 것이 포인트다.

버터 대신 올리브오일,
마늘오일을 써도 좋다

1 두께 1㎝로 둥글게 자른다.

2 프라이팬에 버터 10g을 넣어 가열하고 버
터가 녹으면 **1**을 올린다. 양쪽면이 노릇해
질 때까지 굽는다.

가늘고 긴 바게트는 건조해지기 쉬워서, 하루 지나면 맛이 크게 떨어지는 단점이 있다.
당일 먹는 것이 가장 좋지만, 먹다 남았을 때는 굽는 방법을 연구하여 갓 구운 빵처럼 되살릴 수 있다.

1덩어리라면 조립할 필요 없다

3 바게트를 원래 모양으로 조립하고, 알루미늄포일로 감싼다.

4 3분 예열한 오븐토스터에 5분 굽는다.

5 알루미늄포일을 벗기고, 껍질이 바삭해질 때까지 1분 굽는다.

타르틴용 바게트를 다시 굽는 방법　　바게트는 시간이 지나면 수분이나 풍미가 사라진다. 풍미액에 담가 이를 보충한 다음 다시 구우면, 시간이 지난 바게트도 충분히 맛있게 먹을 수 있다.

껍질에는 묻히지 않는다

1 수평으로 잘라서 반 나눈다.

2 풍미액(올리브오일 : 화이트와인 : 물 = 1 : 1 : 3)을 넣은 트레이에 단면을 잠깐만 담근다.

3 3분 예열한 오븐토스터에 데운다. 표면이 건조해지면 완성.

응용 **❶**

형태나 크기에 따라
이름도 먹는 방법도 다양하게

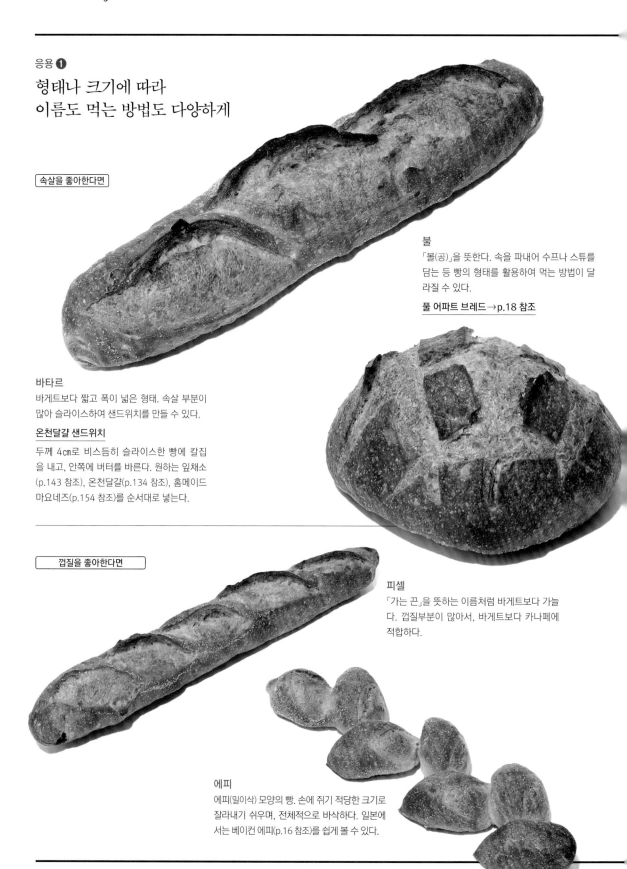

속살을 좋아한다면

불
「볼(공)」을 뜻한다. 속을 파내어 수프나 스튜를
담는 등 빵의 형태를 활용하여 먹는 방법이 달
라질 수 있다.

풀 어파트 브레드→p.18 참조

바타르
바게트보다 짧고 폭이 넓은 형태. 속살 부분이
많아 슬라이스하여 샌드위치를 만들 수 있다.

온천달걀 샌드위치
두께 4㎝로 비스듬히 슬라이스한 빵에 칼집
을 내고, 안쪽에 버터를 바른다. 원하는 잎채소
(p.143 참조), 온천달걀(p.134 참조), 홈메이드
마요네즈(p.154 참조)를 순서대로 넣는다.

껍질을 좋아한다면

피셀
「가는 끈」을 뜻하는 이름처럼 바게트보다 가늘
다. 껍질부분이 많아서, 바게트보다 카나페에
적합하다.

에피
에피(밀이삭) 모양의 빵. 손에 쥐기 적당한 크기로
잘라내기 쉬우며, 전체적으로 바삭하다. 일본에
서는 베이컨 에피(p.16 참조)를 쉽게 볼 수 있다.

저마다 독특한 이름이 붙은 프랑스 빵. 사실 모두 바게트 반죽으로 만든다. 반죽이 같아도 형태가 변하면 맛도 달라지고 용도도 바뀐다. 각 빵의 특징과 먹는 방법을 소개한다.

식사에 곁들인다면

팡뒤
「갈라진 부분」이라는 뜻. 깊이 갈라진 부분을 손으로 잡고 둘로 나눌 수 있어서 먹기 편하다.

프티팡
1인분씩 테이블에 두기 좋은 형태. 고급 요리뿐 아니라 미니 샌드위치를 만들기에도 좋다.

로티존
빵을 수평으로 잘라 가볍게 토스트한다. 프라이팬에 식물성기름 1작은술을 둘러 중불에 올리고, 기름이 뜨거워지면 다진 돼지고기 50g, 다진 양파 30g, 소금, 후추, 카레가루를 조금씩 넣은 다음 양파가 숨이 죽을 때까지 볶는다. 여기에 달걀 1개를 풀어서 넣고, 그 위에 빵 양쪽 단면이 밑을 향하게 놓은 다음 빵을 눌러 가면서 굽는다.

샹피뇽
「버섯」이라는 뜻. 둥근 빵 위에 놓인 평평한 뚜껑부분이 바삭하고 맛있다.

쿠페
「꿋페」라고도 하며 쿠프(칼집)가 1개 들어간다. 미니 샌드위치용으로도 적합하다.

레몬그라스 풍미 소고기를 넣은 반미
빵은 옆면 중앙보다 조금 위에서 비스듬히 칼집을 내고 가볍게 토스트한다. 안쪽에 버터를 바르고 써니레터스, 두께 2~3㎜의 직사각형 모양으로 자른 오이, 레몬그라스 풍미 소고기(p.137 참조), 반미용 당근라페(p.147 참조), 코리앤더를 순서대로 넣는다.

타바티에르
「코담뱃갑」이라는 뜻. 뚜껑부분을 얇게 밀어서 만들기 때문에 끝부분이 특히 바삭하다.

응용 ❷
재료를 조금 더해서 훨씬 맛있게

빵집에서는 바게트 반죽에 여러 가지 재료를 섞은 다양한 빵이 팔리고 있다. 그대로 먹어도 물론 맛있지만, 집에 있는 식재료를 「조금 더해서」 맛에 변화를 줄 수도 있다. 이제껏 경험해 보지 못한 맛이 입안에 퍼진다.

베이컨 에피
베이컨이 들어간 친숙한 빵.
1, 2개씩 뜯어 먹기 편한 형태다.

베이컨의 감칠맛을 살린다

밀이삭처럼 생긴 부분을 2개 자른다. 머스터드마요네즈(p.154 참조)를 적당량 바르고, 오븐토스터로 마요네즈에 살짝 눌은 자국이 들 때까지 굽는다.

밀이삭 부분을 2개 자른다. 한쪽면 전체에 크림치즈를 바른 다음, 매우 얇게 썬 양파를 올리고 오븐토스터에 양파 끝이 조금 그을릴 때까지 굽는다. 후추를 뿌린다.

치즈
빵 속 치즈가 밖으로 흘러나와 있어
샌드위치를 만들면 의외로 맛있다.

의외라고? 향신료나 신맛이 나는 재료와 조합한다

빵을 슬라이스하여 치즈를 올린 다음, 오븐토스터에 치즈가 녹아 구운 색이 들 때까지 굽는다. 커민 풍미 올리브오일(p.134 참조)에 찍어 먹는다.

토스트만 해도 맛있지만,
치즈로 한층 진한 맛이 난다!

콘비프 25g, 발사믹식초 1/2작은술(듬뿍), 다진 파슬리 1/2큰술을 섞어 슬라이스한 빵에 올린 다음, 오븐토스터에 빵 가장자리가 바삭해질 때까지 굽는다.

호두

단단하여 씹는 맛이 좋다. 얇게 자르면 먹기 편하다.
호두가 악센트를 주기 때문에 요리에 곁들여도 맛있다.

호두의 진한 맛과 향을 살린다

빵을 비스듬히 슬라이스하고, 으깬
블루치즈를 올린다. 가스레인지 그
릴에 가장자리가 조금 그을릴 때까지
구운 잎새버섯도 올리고, 적은 양의
버터를 얹는다.

크림치즈 + 메이플시럽 등
치즈와 달콤한 재료를 조합해도
잘 어울린다.

옥수수

옥수수에서 나오는 달콤한 즙으로 반죽 전체에 단맛이 난다.
홋카이도산 밀과 특히 잘 어울린다.

옥수수의 단맛에는 유제품이나 허브를

빵 1/2개 분량을 수평으로 자르고, 단
면에 로즈메리마요네즈(p.154 참조)
를 바른다. 오븐토스터에 마요네즈가
조금 눌은 자국이 들 때까지 굽는다.

에스카르고버터(p.157 참조) +
매시트포테이토(p.147 참조)의
조합도 잘 어울린다.

팥

달콤하게 삶은 팥을 반죽에 넣은 빵. 말굽모양이 대표적이다.
강낭콩 버전도 있다.

달콤한 팥에는 버터나 크림이 제격

무염버터를 두께 3㎜로 슬라이스하여
냉동실에 넣는다. 빵을 수평으로 자르
고, 얼린 버터를 올린 다음 굵은 소금
을 뿌려서 완성한다.

사워크림 + 흑설탕,
무염버터 + 시나몬 슈거
조합도 추천한다.

쇼콜라

초콜릿칩을 넣은 빵. 건과일이나 화이트초콜릿을 넣기도 한다.

빵 위에 초콜릿과 어울리는 식재료를

빵 가운데에 칼집을 내고, 럼 휘핑크
림(p.158 참조)을 짠 다음 드레인 체
리(가능하면)로 장식한다.

버터 + 마멀레이드
또는 라즈베리잼
조합도 추천한다.

먹는 방법 ❶

신선한 바게트를 맛보자

풀 어파트 브레드

불을 사용한, 미국에서 인기 있는 맛있는 빵.
재료를 채우고 구운 빵을 손으로 잘라 먹은 데서 붙은 이름이다.

재료(지름 15㎝ 불 1개 분량)

생햄(가능하면 잘라 놓은) 40g
모차렐라치즈 1개(100g)
파슬리(생 / 잎 / 다진) 1/2큰술
아몬드(구운 / 무염) 20g
녹인 버터(또는 올리브오일) 20g
불(지름 15㎝) 1개

＊ 치즈만 있으면, 나머지 재료는
　다른 것으로 대체해도 좋다. 치
　즈는 슈레드 타입, 크림치즈, 카
　망베르 등 무엇이든 가능하다.

만드는 방법

1　생햄은 손으로 잘게 찢고, 모차렐라치즈는 되
　도록 얇게 자른다. 아몬드는 굵게 다진다.
2　빵 표면에 격자무늬 칼집 5개를 낸다. 가운데
　부분은 칼집을 최대한 깊게 낸다.
3　**2**의 칼집에 **1**의 모차렐라치즈, 생햄, 아몬드를
　순서대로 채우고, 빵 전체를 알루미늄포일로
　감싼다.
4　오븐시트를 깐 오븐팬에 **3**을 올리고, 180℃
　로 예열한 오븐에 15~20분 굽는다.
5　**4**의 알루미늄포일을 벗기고, 표면에 녹인 버
　터를 바른 다음 파슬리를 뿌린다. 다시 180℃
　의 오븐에 10~15분 굽는다.

닭모래집 콩피 샐러드

갖가지 재료를 올린 호화로운 샐러드로 프랑스 카페의 대표 메뉴다.
치즈는 고다, 체다, 프로세스 치즈를 사용해도 좋다.

재료(1인분)

닭모래집 콩피
　닭모래집(슬라이스) 100g
　마늘(간) 1쪽(5g)
　타임(생/가능하면) 1줄기
　올리브오일 1큰술
　소금, 후추 조금씩
완숙달걀(p.134 참조) 1개
에멘탈치즈 40g
잎채소(취향에 따라 / p.143 참조)
　80g
방울토마토 5개
비네그레트소스
　화이트와인 식초 1/2큰술
　소금 1/5~1/4작은술
　꿀 1작은술
　올리브오일 2큰술
　후추 조금
파슬리(생 / 잎 / 다진) 적당량

만드는 방법

1　닭모래집 콩피(p.140 참조), 완숙달걀(p.134
　참조), 비네그레트소스(p.154 참조)를 만든다.
　삶은 달걀은 식힌 후에 웨지모양으로 썬다.
2　잎채소는 먹기 좋은 크기로 찢어서, 접시에
　담는다.
3　토마토는 세로로 2등분 또는 4등분하고, 치즈
　는 주사위모양으로 자른다.
4　**2** 위에 **1**과 **3**을 보기 좋게 올린 다음, 비네그레
　트소스를 두르고 파슬리를 뿌린다.

바게트와 잘 어울리는 요리를 소개한다. 먼저, 갓 사온 신선한 바게트와 함께 먹으면 맛있는 요리부터 알아보자.
현지의 전통 레시피를 구하기 쉬운 식재료로 재현하였다.

간단한 뵈프 부르기뇽

프랑스 와인산지 부르고뉴 지방의 뵈프 부르기뇽.
물의 양을 150㎖로 하면, 조리는 시간을 30분으로 단축할 수 있다.

어울리는 술 레드와인

재료(4인분)

소고기(카레, 스튜용) 500g
베이컨 100g
양파 1개(250g)
당근 1개(150g)
양송이버섯 150g
마늘 1쪽(5g)
부케가르니(타임, 파슬리 각 2줄기와
　　월계수잎 2장을 요리용 실로 묶은)
　　1묶음
레드와인 1/2병(375㎖)
식물성기름 1큰술
버터 15g
박력분 1큰술
물 250㎖
소금 1작은술
꿀 1큰술
후추 조금

만드는 방법

1　지퍼백에 소고기, 부케가르니, 레드와인을 넣고 닫는다. 단, 지퍼 끝을 3㎝ 열어 둔다.
2　물(분량 외)을 채운 볼에 1을 담그고, 조금씩 공기를 뺀다. 공기가 완전히 빠지면 지퍼백을 닫는다.
3　2의 지퍼백을 냉장고에 30분~1시간 둔다.
4　양파는 얇게 썰고, 당근은 껍질을 벗겨 두께 5㎜로 둥글게 썬다. 양송이버섯은 두께 5㎜로 자르고, 마늘은 다진다. 베이컨은 폭 1㎝로 자른다.
5　냄비에 기름을 두르고 중불로 가열한 다음 3에서 와인을 완전히 털어낸 소고기를 넣고, 표면을 굽는다. 전체에 구운 색이 충분히 들면 트레이에 옮긴다. 와인, 부케가르니는 따로 둔다.
6　같은 냄비에 버터를 넣고 버터가 녹으면 4의 양파, 베이컨을 넣어 양파가 투명해질 때까지 볶는다.
7　6에 5의 소고기를 넣고, 박력분을 뿌린다.
8　7에 4의 당근, 양송이버섯, 마늘을 넣고 수분이 날아갈 때까지 볶는다.
9　8에 5의 와인, 부케가르니, 물, 소금을 넣고 가볍게 섞은 다음 뚜껑을 덮는다. 끓으면 거품을 걷어내고, 약불에 1시간 조린다.
10　9에 꿀, 후추를 넣고 잘 섞는다.
11　맛을 보고 소금(분량 외)으로 간을 한다.

뤼스티크 & 팽 드 로데브

탄력 있고 쫄깃한 고가수 빵

기원·어원

뤼스티크 : 「투박한」이라는 뜻의 프랑스어.
성형하지 않아 빵 모양이 일정하지 않기 때문에 붙은 이름이다.
팽 드 로데브 : 프랑스 남부 로데브 마을의 로컬 빵.

재료

밀가루, 물, 소금, 빵효모, (몰트), 르뱅종(팽 드 로데브에만 사용)

바게트와 비슷해 보이지만, 바게트는 아니다. 뤼스티크와 팽 드 로데브는 공통된 특징이 있다. 하나는 반죽에 들어가는 물의 양이 많다는 점이다. 일반적인 프랑스 빵은 밀가루 무게의 약 70%에 해당하는 물이 들어가지만, 이 빵은 80% 내외~90% 이상의 물이 들어간다. 이것이 촉촉하고 부드러운 식감의 비결

이다. 다른 하나는 반죽을 성형하지 않는다는 점이다(오른쪽 페이지 참조). 그리고 고온에 구워, 수증기의 힘으로 반죽을 부풀린다는 점도 같다. 구우면 빵 껍질이 바게트보다 얇고 바삭하게 완성된다.

두 빵의 차이는 팽 드 로데브에만 르뱅종이 들어간다는 점이다. 먹고 나면 르뱅종 특유의 신맛이 입안에 맴돌아 식욕을 돋운다. 또 팽 드 로데브는 보통 큼직하게 굽는다. 약 1.5㎝ 두께로 잘라 요리에 곁들이거나, 수평으로 잘라 속재료(p.80~81 포카치아 재료 응용 가능)를 넣은 다음 샌드위치를 만든다. 껍질의 풍미를 충분히 음미하면서 맛있게 먹을 수 있다. 뤼스티크는 1인분 크기로 작게 구울 수 있어 샌드위치 만들기에 더욱 편하다.

두 빵 모두 수분이 많아 식감이 쫄깃한 점이 밥이나 떡을 연상시켜서 한국이나 일본의 식재료와도 잘 어울린다. 이 두 빵은 일본 제빵업계에 신선한 충격을 주었고, 고가수 빵은 점차 많아졌다.

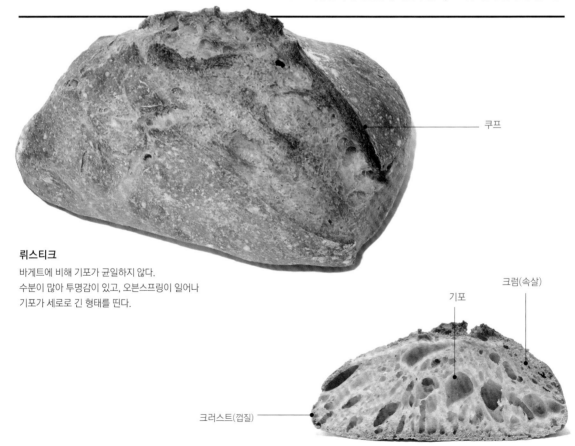

쿠프

뤼스티크
바게트에 비해 기포가 균일하지 않다.
수분이 많아 투명감이 있고, 오븐스프링이 일어나
기포가 세로로 긴 형태를 띤다.

크럼(속살)

기포

크러스트(껍질)

만드는 방법의 특징

최소한의 작업으로 만들어, 부드럽다

발효시킨 반죽을 1개 분량으로 분할한 다음 보통 성형 과정을 거치지만, 뤼스티크도 팽 드 로데브도 성형하지 않는다. 두 빵의 형태가 네모나고 표면이 울퉁불퉁한 것은 바로 이 때문이다. 반죽을 잘라 그대로 굽기 때문에, 반죽에 압력이 가해지지 않아서 부드럽고 밀의 풍미가 진하게 남는 빵이 완성된다.

1개 분량으로 분할한 모습. 되도록 네모나게 잘라, 성형하지 않고 그대로 굽는다.

기포

크럼(속살)

팽 드 로데브

뤼스티크처럼 투명감이 있고, 기포가 세로로 길다. 고온에서 굽기 때문에 껍질이 바게트보다 얇다.

크러스트(껍질)

표면에 밀가루

쿠프

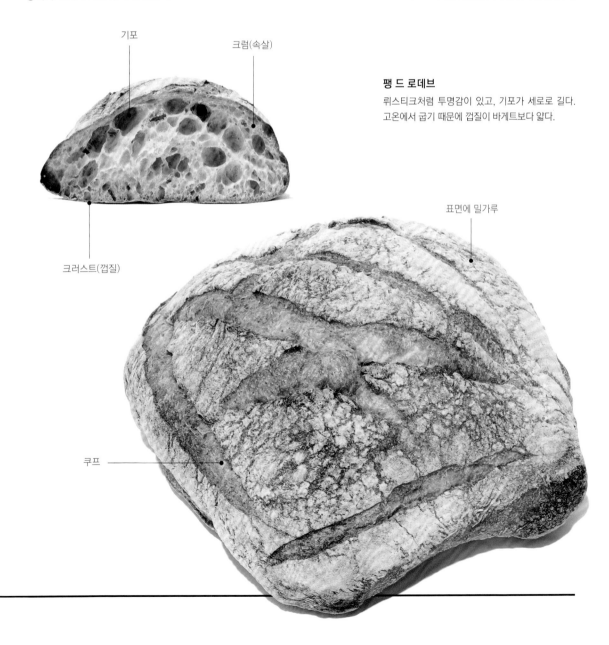

자르는 방법

마음껏 두껍게 자를 것인가, 먹기 좋도록 얇게 자를 것인가

두께가 1cm 이하면 「얇게 자르기」, 1cm보다 두껍고 2cm보다 얇으면 「표준 자르기」, 2cm 이상이면 「두껍게 자르기」라 부른다. 가볍고 먹기 편한 얇게 자르기, 식감과 맛이 모두 좋은 두껍게 자르기, 얇게 자르기와 두껍게 자르기의 장점을 모두 누릴 수 있는 표준 자르기. 여기에 가로세로 약 1.5cm의 주사위모양으로 잘라 샐러드에 넣는 등 자르는 방법은 다양하다.

「시골빵」이라 불릴 정도이니 이왕이면 두껍게 잘라 먹고 싶다. 하지만 기포가 촘촘한 데다 지방이 들어가지 않는 빵이라 얇게 자르는 편이 먹기 편하다. 한쪽을 고르면 다른 쪽이 아쉬운 법. 함께 먹는 요리, 먹는 사람의 상태와 취향, 기후에 따라 두께를 바꿔 보는 것은 어떨까.

두껍게 자르기
당일~2일째는 토스트하지 않고, 3일째부터 토스트하는 것을 추천한다. 만드는 사람에 따라 캉파뉴 맛이 달라지므로 염분을 조정할 수 있는 무염버터를 듬뿍 바르고, 나중에 취향에 따라 소금을 뿌리는 것이 좋다.

주사위모양 자르기
칼로 가로세로 약 1.5cm의 주사위모양으로 자르거나, 손으로 주사위 정도 크기로 찢어서 수프에 띄우거나, 샐러드에 토핑으로 얹는다. 바게트로 만들 때(p.10 참조)와는 다르게 중후한 맛이 된다.

샌드위치에 들어가는 속재료나 오픈샌드위치에 올리는 토핑은 p.34~39를 응용하자!

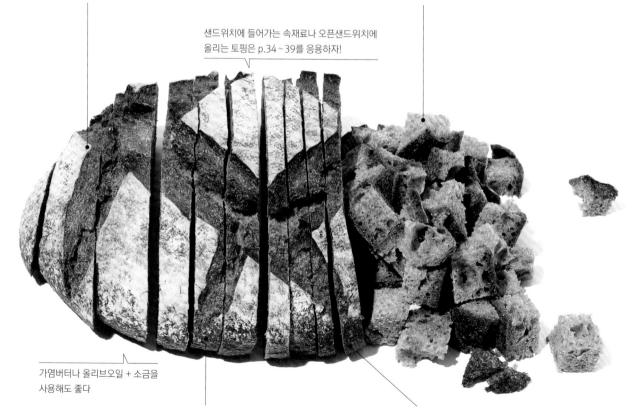

가염버터나 올리브오일 + 소금을 사용해도 좋다

표준 자르기
바르거나, 올리거나, 오픈샌드위치를 만들거나, 식사에 곁들이는 등 다른 식재료와 함께 다양한 방법으로 먹을 수 있는 두께. p.35, 38은 모두 이 두께로 만든다.

얇게 자르기
2장을 겹치는 샌드위치나, 둥글고 큰 캉파뉴를 슬라이스하여 오픈샌드위치를 만들기에 적당한 두께. 껍질부분을 좋아하지 않는 사람에게는 식사용 빵으로 좋다.

● 슬라이스한 단면이 넓은 크고 둥근 빵인 경우, 슬라이스한 다음 반으로 자른다.

굽는 방법

시간이 지난 빵은 토스트해서 맛있게

모처럼 큼직한 빵을 구웠다면 촉촉한 식감을 즐기는 것이 좋다. 2일째까지는 굽지 않고 먹지만, 3일째부터는 수분을 보충하여 다시 구우면 맛있게 먹을 수 있다. 슬라이스한 면을 구운 자국이 나도록 토스트하면, 그냥 먹었을 때와는 또 다른 맛이 난다. 캄파뉴는 설탕이 들어가지 않아서 식빵 등보다 구운 자국이 잘 나지 않지만, 프라이팬이나 석쇠를 이용하면 구운 자국이 보기 좋게 난다. 그 외의 방법으로는 구운 자국을 내기 쉽지 않지만 껍질을 고소하게, 속살을 쫄깃하고 부드럽게 만들 수는 있다. 두껍게 잘랐을 때 맛있다는 점도 특징이다.

프라이팬
표면에 구운 자국을 내기 쉽고, 속살이 쫄깃해진다. 특히 철제 프라이팬에 구우면 바삭해진다.

1   슬라이스한다
2~3cm 정도로 자른다. 맛있는 캄파뉴는 두껍게 자르면 더 맛있다.

2   수분을 충분히 더한다
분무기를 사용할 때는 빵 양쪽 단면에 물을 4~5번 뿌린다. 분무기가 없을 때는 손가락에 물을 묻혀 빵 표면에 발라도 좋다.

3   윗면을 굽는다
프라이팬에 빵을 올리고, 뚜껑을 덮는다. 중간 정도의 센불에 약 3분 30초 굽는다. 구운 자국이 나면 뒤집는다.

4   아랫면을 굽는다
뚜껑을 열고 뒤집는다. 구운 자국이 보기 좋게 날 때까지 3분 정도 구우면 완성이다.

오븐토스터
오른쪽은 두껍게 자른 빵을 굽는 방법이다. 빵을 얇게 잘랐을 때는 바삭해지도록 잘 굽는 것을 추천한다.

가볍게 데운다
빵을 두껍게 자르고 분무기 등으로 수분을 보충한 다음, 2분 정도 굽는다.

석쇠
분무기 등으로 수분을 보충한 다음 중불에 윗면 약 3분, 아랫면 약 2분 굽는다. 구운 자국이 날 정도로 굽기를 조절한다.

생선그릴
분무기 등으로 수분을 보충한 다음 3분 동안 예열한 그릴에 중불로 윗면 약 3분, 아랫면 약 2분 굽는다. 구운 자국이 날 정도로 굽기를 조절한다.

응용

모양을 바꾸거나 다른 재료를 넣는 등 다양한 변화가 가능하다

1㎏ 정도의 크고 둥근 빵을 통으로, 또는 1/2, 1/4로 잘라 팔거나, 무게를 재서 파는 곳도 있다. 식빵틀에 구운 것이나 달걀모양도 있다. 수분이 많은 반죽을 고온에 구운 컨트리브레드도 세계적으로 유행하고 있다. 최근에는 건강을 중시하여 잡곡을 넣은 빵도 보인다. 건포도, 건포도＋호두, 무화과, 오렌지필, 크랜베리, 초콜릿 등의 재료를 넣는 경우도 일반적이다. 이런 경우 1인분 정도 크기나 막대모양으로 성형할 때도 많다.

달걀모양
먹는 방법은 기본적으로 둥근 빵과 같다. 둥근 빵으로 만들기 힘든 샌드위치 또는 작은 오픈 샌드위치를 만들기에 좋은 형태다.

마롱
시판 또는 홈메이드 샤퀴트리(p.138 참조)와 함께 즐긴다. 콘수프나 클램차우더 등 크림계열과도 잘 어울린다.

크랜베리
유럽과 미국에서는 칠면조에 크랜베리를 최고의 조합으로 친다. 칠면조 대신 닭고기를 사용한 요리(p.138 참조)와도 잘 어울린다.

무화과
무화과의 단맛과 알갱이가 씹히는 느낌이, 감칠맛과 짠맛이 강한 육류가공품(p.34 참조)과 잘 어울린다. 무염버터를 바른 다음 올리자.

건포도＋호두
치즈를 먹을 때 견과류나 건과일을 곁들이는 것처럼, 건포도호두 빵도 치즈와 잘 어울린다. 특히 셰브르나 푸른곰팡이 타입을 추천한다.

건포도
영국의 크리스마스 디저트인 「크리스마스 푸딩」을 흉내낸 빵이다. 브랜디버터(p.157 참조)를 발라 보자.

초콜릿
아몬드버터(p.152 참조), 또는 프레시치즈＋레몬커드(p.46 참조) 등과 잘 어울린다. 푸른곰팡이 타입의 치즈와 조합해도 색다른 맛을 느낄 수 있다.

오렌지필
쌉쌀한 맛이 있기 때문에 프레시치즈＋에르브 드 프로방스＋꿀, 또는 가나슈(p.159 참조) 등 초콜릿 계열과 잘 어울린다.

먹는 방법 **①**

캉파뉴의 중후하고 복잡한 맛에는
독특하고 진한 맛의 재료와

유산균과 효모가 만들어 내는 풍미와 신맛, 전립분과 호밀의 진한 맛과 향 등 복잡한 맛을 가진 캉파뉴. 곁들이는 재료나 요리도 그런 캉파뉴의 개성에 뒤지지 않을 만큼 중후한 맛이 나거나, 독특한 맛과 향, 향과 신맛이 강한 것 등이 어울린다. 미리 버터(가능하면 무염)를 발라두면 맛이 한층 좋아진다.

A 치즈

● **푸른곰팡이 타입 치즈(블루치즈)**
로크포르, 고르곤졸라, 다나블루 등
가로세로 5mm~1cm 정도로 네모나게 부수어 올린다. 캉파뉴는 호두, 말린 무화과 등 견과류, 건과일이 들어간 것이 더욱 맛있다. 여기에 자른 사과, 서양배, 무화과, 포도, 감 등을 올려도 좋다.

● **워시 타입**
에푸아스, 묑스테르, 몽 도르 등
치즈는 약 1~1.5cm 두께로 썰고, 껍질을 제거해도 좋다. 빵에 으깨듯이 바른다. 같은 두께로 자른 치즈를 껍질째 올리고, 커민(가능하면 씨)을 뿌린 다음 오븐토스터에 치즈가 녹을 때까지 구워도 맛있다.

● **셰브르치즈**
생트 모르 드 투렌 등
모양이 다양하며, 약 1cm 두께로 썰어 빵에 으깨듯이 바른다. 껍질이나 숯가루는 제거해도 좋다. 냉장고에서 숙성시키면(p.156 참조) 수분이 날아가서 맛이 진하고 복잡해져, 캉파뉴에 더 잘 어울리는 치즈가 된다.

● **하드 타입 치즈**
콩테, 에멘탈, 체다 등
버터를 두껍게 바르고, 치즈 슬라이서나 필러를 이용하여 얇게 슬라이스해서 올린다. 이것을 토스트해도 맛있다.

B 조리 스프레드

● 버섯과 호두 스프레드(p.148 참조)
● 후무스(p.150 참조)
● 양파 콩피(p.145 참조)
● 아보카도와 피스타치오 스프레드(p.145 참조)
● 앙슈아야드(p.142 참조)

C 육류, 수산 가공품

● **생햄 / 판체타(슬라이스 타입)**
리코타 등의 프레시치즈를 바르고 생햄, 채소구이(p.149 참조)를 올린다. 판체타는 베이컨처럼 바삭하게 구운 다음 위와 같은 방법으로 먹는다.

● **살라미 / 초리조(살라미 타입)**
페페론치노 풍미 오일로 달걀프라이(p.134 참조)를 만들 때, 살라미나 초리조도 따뜻해질 정도로 가볍게 구워 달걀프라이와 함께 올린다.

● **간단한 간페이스트(p.140 참조) / 돼지고기 리예트(p.139 참조) / 파테 드 캉파뉴(p.139 참조)**
버터를 바른 다음 그 위에 바르거나 올린다. 으깬 핑크페퍼나 무화과 콩피튀르(p.151 참조)를 올려도 맛있다.

● **훈제연어 / 훈제정어리**
레몬버터(p.157 참조)를 바른 다음 훈제연어나 훈제정어리를 올리고, 딜을 손으로 찢어서 뿌린다.

● **어란(연어알, 명란 등)**
다진 양파, 잘게 썬 쪽파, 양하 등을 섞은 사워크림을 바르고, 어란을 올린다.

C 콩피튀르 / 달콤한 스프레드 & 토핑

● 무화과 콩피튀르(p.151 참조)
● 마롱크림
● 가나슈(p.159 참조) + 너트맥 파우더
● 아몬드버터(p.152 참조)
● 스파이스슈거(p.159 참조)
● **꿀**
순수 벌꿀(물엿 등을 첨가하거나 가열하지 않고, 엄격한 기준에 따라 생산인 동시에 꽃의 향, 풍미, 맛을 즐길 수 있는 단일꽃 꿀(단일 식물의 꽃에서 채취한 꿀)이 잘 어울린다. 리퀴드보다는 크림 타입, 색은 연한 것보다 진한 편이 캉파뉴와 어울린다.

대표적인 조합

푸른곰팡이　셰브르　하드

A

워시

아보카도 스프레드　양파 콩피

B

돼지고기 리예트　훈제연어

C

마롱크림　스파이스슈거

D

가나슈

먹는 방법 ❷

조금 더 정성을 들여 캉파뉴와 함께 맛보자

어울리는 술 와인(화이트, 로제, 레드), 위스키

밤과 세이지 미트로프

원래 로스트 치킨에 들어가던 재료로 미트로프를 만들었다.
양송이버섯, 사과도 넣어 다양한 풍미를 냈다.

재료

(20×11×높이 7.5㎝ 파운드틀
1개 분량)

다진 돼지고기 500g
달걀 1개
양파 1/2개(125g)
양송이버섯 100g
세이지(생) 1줄기(잎 7~8장)
사과 1/2개(150g)
삶은 밤(껍질 깐) 1봉지(80g)
빵가루 20g
소금 1작은술
후추 조금

만드는 방법

1 사과는 껍질과 심을 제거하고, 양파와 함께 채
   칼로 간다. 양송이버섯은 다지고, 세이지(잎만
   사용)는 더 잘게 다진다.

2 작은 볼에 달걀을 넣고 푼다.

3 2에 빵가루를 넣고 잘 스며들도록 섞는다.

4 큰 볼에 다진 고기, 소금, 후추를 넣고 찰기가
   생길 때까지 잘 반죽한다.

5 4에 밤을 넣고 손으로 으깨면서 잘 섞는다.

6 5에 3, 1을 순서대로 넣으면서 잘 섞는다.

7 틀 안쪽에 버터(분량 외)를 바르고, 6을 고무
   주걱으로 빈틈없이 채운 다음 표면을 평평하
   게 정리한다.

8 180℃로 예열한 오븐에 약 50분 굽는다.

9 완전히 식으면 두께 1.5㎝로 잘라 접시에 담
   는다. 취향에 따라 세이지나 코니숑(프랑스식
   피클)을 장식한다.

맛있는 캉파뉴와 함께 먹으면 좋은 고기, 생선, 채소를 이용한 프랑스 요리를 엄선하여 소개한다.
p.20~21「어니언 그라탱 수프」나 판자넬라, p.135「크루통 오믈렛」도 캉파뉴로 만들면 화려하고 세련된 요리로 바뀐다.

해산물 수프

여러 종류의 생선을 사용하여, 시간과 정성을 들여 만드는 수프 드 푸아송(생선 수프).
오징어, 새우, 조개로 육수를 내어 간단히 만들 수 있는 레시피를 개발했다.

재료(2인분)

오징어(작은 것) 1마리(150g)
새우(머리 포함) 4~6마리
바지락(해감한) 10~15개
흰살생선(토막) 150g
양파 1/5개(50g)
당근 1/3개(50g)
셀러리(줄기) 20g
마늘 2쪽(10g)
올리브오일 2큰술
토마토 통조림(다이스드 / 가능하면)
　　50g
물 500㎖
소금 1/2작은술
사프란(홀 / 가능하면) 10줄기
파슬리(생 / 잎 / 다진) 적당량

만드는 방법

1　오징어는 몸통에서 내장과 다리를 잡아 당겨 떼어낸다. 몸통은 연골을 제거하고 깨끗이 씻어 폭 1㎝로 둥글게 썬다. 다리는 먹지 못하는 부분을 제거하고, 몸통 지름과 같은 길이로 썬다. 새우는 등쪽 내장을 제거한 후 씻고, 바지락도 깨끗이 씻는다. 생선은 한입크기로 썬다. 남아 있는 물기를 키친타월로 완전히 닦아낸다.

2　양파, 당근, 셀러리, 마늘은 다진다.

3　냄비에 올리브오일을 중불로 가열하고 1의 오징어를 넣은 후, 오징어에 눌은 자국이 나며 고소한 냄새가 날 때까지 볶는다.

4　3에 2를 넣고, 양파가 투명해질 때까지 볶는다.

5　4에 토마토를 넣고, 토마토의 수분이 날아갈 때까지 볶는다.

6　5에 1의 남은 어패류, 물, 소금, 사프란을 넣고 센불에 올린 다음 뚜껑을 덮는다. 끓으면 거품을 걷어내고, 약불로 줄여 원하는 농도가 될 때까지 10~20분 조린다. 맛을 보고 소금(분량 외)으로 간을 한다.

7　접시에 담고 파슬리를 뿌린다.

어울리는 술) 와인(화이트, 로제)

어울리는 술 맥주, 화이트와인

따듯한 셰브르치즈 샐러드

파리의 카페에서 메뉴에 있으면 꼭 주문하게 되는 요리.
따듯한 셰브르치즈 토스트를 토핑으로 올린 화려한 샐러드다.

재료(1인분)

베이컨 1장
셰브르치즈(두께 1㎝) 2장
잎채소(취향에 따라 / p.143 참조)
   80g
방울토마토 4개
호두(구운) 5개
비네그레트소스
  화이트와인 식초 1/2큰술
  소금 1/5~1/4작은술
  꿀 1작은술
  올리브오일 2큰술
  후추 조금
버터(가능하면 무염 또는 올리브오일)
  조금
에르브 드 프로방스 1/4작은술
캉파뉴(두께 2㎝) 1장

만드는 방법

1 잎채소는 먹기 좋은 크기로 찢어서 접시에 담고, 비닐랩을 씌워 냉장고에 넣는다.

2 토마토는 세로로 2등분 또는 4등분하고, 호두는 반으로 자른다.

3 베이컨은 폭 1㎝로 썰고, 비네그레트소스 재료 속 올리브오일 1큰술을 둘러 바삭하게 굽는다. 사용한 올리브오일은 따로 둔다.

4 비네그레트소스를 만든다. 작은 볼에 식초와 소금을 넣고, 소금이 잘 녹도록 작은 거품기로 휘젓는다.

5 4에서 남은 재료, 3의 올리브오일을 순서대로 넣으면서 잘 섞는다.

6 빵을 반 자르고, 양쪽 단면에 버터를 바른다.

7 6 위에 치즈를 올리고, 에르브 드 프로방스를 뿌린다.

8 7을 알루미늄포일에 올리고, 오븐토스터에 빵 가장자리가 노릇해질 때까지 굽는다.

9 1에 2, 3의 베이컨을 보기 좋게 올리고, 5를 두른다. 가운데에 8을 놓는다.

먹는 방법 ❸

시간에 따라 변하는 풍미를
1주일 동안 즐긴다

캉파뉴는 빨리 상하지 않아 1주일 정도 보관할 수 있다. 그래서 주말에 맛있는 빵집에 들러 캉파뉴 1개를 사면, 1주일 동안 맛있는 캉파뉴를 즐길 수 있다. 비닐랩으로 싸서 지퍼백 등에 밀봉하고, 상온(여름철에는 냉장고)에 보관하자. 시간이 지날수록 빵이 숙성되므로 맛의 변화를 즐길 수 있다. 굽기 전 손끝으로 빵이 얼마나 건조한지 확인하고, 분무기로 부족한 수분을 보충해야 한다.

캉파뉴는 두께 1.5~2㎝로 슬라이스한다

DAY
1 치즈와 콩피튀르 조합을 즐긴다

빵에 버터, 콩피튀르를 순서대로 바르고, 치즈를 올린다.
● 콩테 × 마롱크림
● 숙성 셰브르치즈(p.156 참조) × 무화과 콩피튀르(p.151 참조)
● 보포르 × 블루베리 콩피튀르

DAY
2 타르틴을 즐긴다

빵에 버터를 바르고 양파 콩피(p.145 참조), 훈제정어리, 홈메이드 세미드라이 토마토(p.144 참조)를 순서대로 올린다.

DAY
3 타르틴을 즐긴다

토스트한 빵에 버터, 버섯과 호두 스프레드(p.148 참조)를 순서대로 바른다. 그 위에 바삭하게 구운 판체타와 루콜라를 올린다.

DAY
4 타르틴을 즐긴다

빵에 밤과 세이지 미트로프(p.36 참조)를 두께 1.5㎝로 잘라서 올리고, 그 위에 특제 함박스테이크소스(p.73 참조 / 취향에 따라)를 바른 다음 슈레드치즈를 올린다. 오븐토스터에 치즈가 녹아 구운 색이 들 때까지 굽는다.

DAY
5 따듯한 셰브르치즈 샐러드(p.38 참조)의 응용

● 만드는 방법 **7**에서 꿀을 두른다.
● 만드는 방법 **7**에서 에르브 드 프로방스 대신 두카(p.155 참조)를 뿌린다.

DAY
6 해산물 수프(p.37 참조)의 응용

해산물 수프에 캉파뉴로 만든 갈릭 토스트(p.157 참조)와 루이유(p.154 참조)를 곁들인다.

DAY
7 캉파뉴 치즈퐁뒤(p.156 참조)의 응용

치즈퐁뒤의 양이 1/4 남으면 워시치즈(+커민씨)나 블루치즈(+다진 호두)를 잘게 나누어 넣고 녹여서, 맛에 변화를 준다.

크루아상

100겹의 층이 만들어내는 폭신함과 버터의 풍미

[기원·어원]

크루아상은 프랑스어로 「초승달」을 뜻한다.
초승달 모양 때문에 붙은 이름이지만, 요즘에는 마름모 모양이 많다.
이는 본고장 프랑스에서
버터를 사용한 크루아상을 마름모모양으로 굽기 때문이다.
반면 초승달 모양의 크루아상에는 마가린을 사용한다.

[재료]

밀가루, 물, 버터, 설탕, 소금,
빵효모, (달걀), (몰트)

17세기 빈에서 탄생했다는 이야기가 있으며, 프랑스(파리)에서는 1839년 빈에서 온 장인이 연 가게가 시초인 듯하다. 당시에는 밀크빵과 같은 반죽으로 만들었다고 한다.
20세기 들어 반죽에 버터를 넣으면서 층을 이루게 되었다. 「초승달」이라는 이름이 붙었지만, 한국이나 일본에서는 마름모모양이 흔하다. 마름모 모양은 원래 좀 더 고급스러운 크루아상 오 뵈르(버터가 들어간 크루아상)의 상징이다. 마가린이 아닌 버터를 넣어야 허용되는 형태다.

표면은 충분히 구워져 고소하고 바삭하며, 부스러져 떨어지기도 하지만(이것이 크루아상의 묘미), 속살은 의외로 촉촉하고 버터도 듬뿍 들어 있다. 이처럼 겉과 속이 극명한 대조를 이루도록 굽는 것이 장인의 실력이다. 크루아상 반죽을 이용한 빵에는 초콜릿을 감싼 팽 오 쇼콜라, 건포도와 커스터드를 감싼 「팽 오 레쟁(다른 반죽을 사용하는 경우도 있다)」이 있다. 「데니시」도 크루아상과 같은 계열이다. 성형 방법을 바꾸고, 다른 재료를 첨가한 간식빵이다. 최근에는 소시지를 감싼 조리빵도 늘고 있다. 크루아상은 간식으로도, 곁들이는 빵으로도 모두 어울리는 만능선수다.

크러스트
(껍질/계단모양이 된다)

계단모양 부분을 자세히 보면 1겹은 두껍고 바삭하지만, 1겹은 얇고 부드러운 것을 알 수 있다.

크러스트(껍질)

사진은 기포가 크고 듬성듬성한 타입이다.
기포가 작은 타입은 풍미가 진하다.

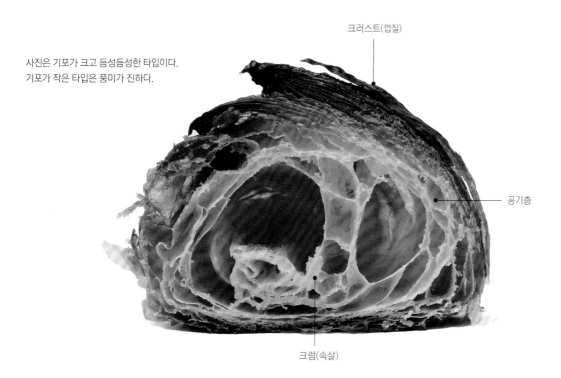

공기층

크럼(속살)

만드는 방법의 차이

수많은 층은
어떻게 만들어질까?

반죽의 얇은 층 사이에 들어 있던 버터가 오븐의 열
에 의해 증발하면서, 반죽이 부풀어 오르고 수많은
층이 생긴다. 처음에는 버터를 반죽으로 감싸고, 그
것을 얇게 늘였다가 접는 과정을 반복한다. 3절접
기를 3번 반복한 3×3×3＝27층이 기본이지만,
최근에는 층수를 줄이는 대신 1층을 두껍게 만들
어, 버터의 풍미와 바삭한 식감을 강조하는 타입도
늘어나고 있다.
성형 방법은 반죽 1장을 삼각형으로 자르고, 이것
을 3바퀴 정도 돌돌 마는 것인데, 이렇게 하면 100
층 이상이 된다.

1 버터 넣기 1
얇게 늘인 반죽으로 시트모양의 버터를
감싼다.

2 버터 넣기 2
1을 늘이면서 3절접기나 2절접기를 반
복하여 약 20층을 만든다.

3 삼각형으로 잘라서 만다
버터가 들어간 반죽을 삼각형으로 자르
고, 밑변부터 돌돌 만다.

4 성형 완료
반죽을 끝까지 말면 성형 완료.

자르는 방법

껍질이 부스러지지 않도록 조심스럽게

크루아상에 칼집을 내면 샌드위치로 만들 수 있다. 자르는 방법은 「수평으로 칼집 내기」, 「비스듬히 칼집 내기」, 「세로로 칼집 내기」 3가지가 있다. 식칼보다는 톱니모양의 날이 달린 빵칼이나 토마토 나이프가 더 편리하다. 부스러기가 생기지 않도록 조심스럽게 자르자.
자르지 않고 그대로 먹을 생각이라면 껍질이 부스러지지 않도록 크게 물어도 좋고, 끝에서부터 부드럽고 흰 속살을 조금씩 뜯어 먹어도 좋다.

비스듬히 칼집 내기
수평으로 칼집 내기와 세로로 칼집 내기의 장점을 모두 갖춘 방법이다. 속재료가 잘 보이며, 입천장에 속재료가 닿기 때문에 속재료의 맛을 풍부하게 느낄 수 있다. 높이도 적당하다.

수평으로 칼집 내기
재료를 안정적으로 끼울 수 있어 먹기 편하다. 단, 속재료가 잘 보이지 않으며 속재료보다 빵맛이 더 강조되는 점이 특징이다. 칼집을 내지 않고 완전히 잘라서(수평 자르기) 위아래로 덮어도 좋다.

세로로 칼집 내기
속재료가 잘 보여 눈에 띈다. 입천장에 속재료가 닿기 때문에 속재료의 맛을 풍부하게 느낄 수 있다. 높이가 높아져서 먹기 힘들다는 단점이 있다.

굽는 방법

남은 열로 데우면 갓 구운 맛이 난다

껍질은 바삭바삭, 속은 폭신폭신. 갓 구운 크루아상이 주는 감동은 그 무엇과도 비교할 수 없다. 하지만 크루아상은 당분이 많아서 다른 빵처럼 구웠다가는 금세 타 버린다. 굽는 요령을 익혀야 갓 구운 상태로 되돌릴 수 있다.
오븐토스터(생선그릴도 가능)를 충분히 예열한다(약 3분). 크루아상을 넣으면 전원을 끄고 2분 동안 그대로 둔다. 그러면 껍질이 최고의 상태를 유지하면서 「바삭바삭, 폭신폭신, 따끈따끈」 하게 부활한다.

1 오븐토스터를 예열한다
뜨거워질 때까지 3분 정도 충분히 예열한다.

2 전원을 끄고 크루아상을 넣는다
전원을 끄면 결코 타지 않는다. 2분 동안 그대로 데운다.

3 완성
갓 구운 것처럼 껍질이 바삭해진다.

사진은 2명의 아침식사 이미지. 1명이 일반적으로 크루아상 1개와 타르틴 1개를 먹는다. 카페에서도 이 정도 양이 나온다. 콩피튀르는 꿀을 포함하여 2가지 이상 갖추면 좋다.

본고장의 아침식사

크루아상으로 맞이하는
프랑스인의 주말 아침

프랑스인의 아침식사는 따듯한 음료와 빵이 기본이다. 주말에는 늘 타르틴(수평 자르기한 바게트)에 크루아상을 더해서 조금 잘 차려서 먹는다. 집 근처 블랑제리(빵집)에 크루아상을 사러 가는 것은 무슈(남성)의 역할이다. 전용 컵에 커피나 카페오레를 따르고, 설탕을 넣어 스푼으로 휘휘 젓는다. 여기에 크루아상을 적셔가며 먹는 사람도 있는데, 빵 부스러기가 음료 속에 떨어져도 신경 쓰지 않는다.

먹는 방법 ❶

넣는 재료에 따라 간식도, 가벼운 식사도 된다

달콤한 크루아상

비터초콜릿
얇은 비터초콜릿을 끼우면 즉석「팽 오 쇼콜라」가 된다.

누텔라
「헤이즐넛 코코아 스프레드 누텔라」는 프랑스인이
좋아하는 맛이다.

오렌지 슬라이스
슬라이스한 오렌지(두께 5㎜)에 꿀, 시나몬을 뿌려서
넣는다.

콩피튀르
라즈베리, 딸기 등 베리계열의 콩피튀르를 추천한다.

사과 슬라이스
슬라이스한 사과(껍질 포함/두께 2~3㎜)에 레몬즙,
그래뉴당을 뿌려서 넣는다.

팥앙금
시판하는 통팥, 으깬 팥을 취향에 따라 넣는다. 여기
에 딸기를 썰어서 넣어도 맛있다.

● 크루아상은 전부 비스듬히 칼집을 내고, 속재료를 넣는다.

크루아상은 발효반죽에 버터를 겹겹이 넣은, 빵으로 만든 파이라고 볼 수 있다.
달콤한 파이나 식사용 파이를 떠올리면서, 크루아상에 넣을 만한 재료를 채워 보았다.

식사용 크루아상

스크램블드에그
부드러운 스크램블드에그(p.134 참조)를 넣고, 후추
를 뿌린다.

햄 + 치즈
본레스햄과 함께 필러로 얇게 슬라이스한 하드치즈
를 넣는다.

허브 토마토
슬라이스한 토마토에 소금, 말린 허브(타임 또는 오레
가노 등)를 뿌려서 넣는다.

양상추 머스터드
머스터드 드레싱에 버무린 양상추 머스터드(p.143
참조)를 듬뿍 넣는다.

참치샐러드 + 새싹채소
참치샐러드(p.141 참조)와, 물냉이처럼 쓴맛이 강한
물냉이 새싹채소를 넣는다.

크림치즈 + 훈제연어
베이글에 들어가는 인기 조합으로, 크루아상에도 잘
어울린다.

먹는 방법 ❷

크루아상이 달콤한 디저트로 대변신

프로마쥬 블랑 파르페풍 크루아상

주변에서 구하기 쉬운 재료로, 프랑스에서 즐겨 먹는 프레시치즈「프로마쥬 블랑」과
비슷한 맛을 재현했다.

재료(1개 분량)

홈메이드 프로마쥬 블랑
 (만들기 쉬운 분량)
 │ 플레인 요구르트 200g
 │ 생크림 100㎖
 │ 설탕 7.5g
오렌지(두께 5㎜) 2장
꿀 1/2큰술
카다몬(파우더) 조금
크루아상 1개

만드는 방법

1 홈메이드 프로마쥬 블랑(p.155 참조)을 만들
  고, 지름 1㎝ 원형깍지를 끼운 짤주머니에 적
  당량 채워서 냉장고에 넣어 둔다.
2 오렌지는 반으로 썰고, 주방가위로 껍질을 잘
  라낸다.
3 접시에 2를 조금씩 어긋나게 겹쳐서 올리고,
  꿀과 카다몬을 순서대로 뿌린다.
4 빵에 비스듬히 칼집 내기를 하고, 아래쪽 단면
  에 1을 촘촘히 짜 넣는다.
5 4의 프로마쥬 블랑 위에 3을 나란히 올린다.

초콜릿을 넣은 레몬파이풍 크루아상

새콤달콤한 레몬커드와 크루아상의 조합이 레몬파이 같은 맛을 선사한다.
여기에 초콜릿을 조합하면 2배로 맛있다.

재료(1개 분량)

레몬커드(만들기 쉬운 분량)
 │ 달걀 1개
 │ 무염버터 20g
 │ 레몬즙 50㎖
 │ 설탕 90~100g
비터초콜릿(가로세로 3㎝로 네모난 /
 두께 5㎜로 얇은) 2장
크루아상 1개

만드는 방법

1 레몬커드를 만든다. 볼에 달걀을 넣고, 거품기
  로 푼다.
2 작은 냄비에 레몬즙, 설탕, 버터를 넣고 약불
  에 올린 다음, 고무주걱으로 휘저으면서 가열
  한다. 가볍게 끓인 다음 불에서 내린다.
3 2가 한 김 식으면 1에 조금씩 더하면서 거품
  기로 잘 섞는다.
4 3을 2의 냄비에 다시 넣고, 약불에 올린다. 고
  무주걱으로 바닥에 숫자 8을 그려 가며 계속
  휘젓는다.
5 4가 걸쭉해지면 불에서 내려 끓는 물로 소독
  한 병에 담고, 뚜껑을 완전히 닫은 다음 병을
  뒤집어 식힌다.
6 빵에 비스듬히 칼집 내기를 하고, 아래쪽 단면
  에 완전히 식힌 5를 1큰술 바른 다음, 초콜릿
  을 넣는다.

● 사용한 빵 : 길이 13㎝, 폭 7㎝의 크루아상

크루아상은 달콤하게 먹는 것이 정답이다. 과정이 비슷한 파이반죽을 다루듯, 케이크나 파르페처럼 완성했다.
프로마쥬 블랑 파르페, 레몬 파이, 몽블랑, 피에르 에르메의 이스파한에서 영감을 받았다.

몽블랑풍 크루아상

밤 수확철이 아니어도, 깐 밤만 있으면 럼시럽으로 쉽게 조림을 만들 수 있다.
마롱크림과 조합하면 오로지 밤을 위한 연출이 완성된다.

재료(1개 분량)

럼시럽 밤조림
(크루아상 3개 분량)
│ 깐 밤 1봉지(80g)
│ 레몬즙 2~3방울
│ 물 100㎖
│ 설탕 50g
│ 럼주 1큰술
휘핑크림(만들기 쉬운 분량)
│ 생크림 100㎖
│ 설탕 10g
마롱크림(시판 제품) 1큰술
크루아상 1개

만드는 방법

1 럼시럽 밤조림(p.152 참조)을 만든다.
2 휘핑크림(p.158 참조)을 만들고, 지름 1㎝ 원형깍지를 끼운 짤주머니에 적당량 채워서 냉장고에 넣어 둔다.
3 1이 완전히 식으면 3~5개를 반으로 자른다.
4 빵에 세로로 칼집 내기를 하고, 칼집 안쪽 가장 깊숙한 곳에 마롱크림을 바른다.
5 4의 마롱크림 위에 2를 짜고, 3을 장식한다.

이스파한풍 크루아상 오 자망드

프랑스의 천재 파티시에 피에르 에르메가 고안한 「이스파한」에서
영감을 얻어, 장미와 라즈베리를 함께 넣었다.

재료(2개 분량)

장미풍미 아몬드크림
│ 달걀노른자(상온에 둔) 1개 분량
│ 무염 버터(상온에 둔) 30g
│ 아몬드 파우더 30g
│ 설탕 25g
│ 콘스타치 1작은술
│ 식용 로즈워터 1/2큰술
시럽
│ 물 40㎖
│ 설탕 20g
라즈베리(생 또는 냉동) 14개
아몬드 슬라이스 적당량
장미 꽃잎(말린 / 식용) 8장
슈거파우더 적당량
크루아상 2개

만드는 방법

1 장미풍미 아몬드크림(p.159 참조)을 만들고, 바구니빗살 깍지를 끼운 짤주머니에 채운다.
2 시럽을 만든다. 작은 냄비에 물과 설탕을 넣고 약불에 올린 다음 휘젓는다. 가볍게 끓인 다음 트레이에 흘려 넣는다.
3 빵을 수평으로 자르고, 각각 오븐토스터에 가볍게 굽는다.
4 3의 양면을 2에 살짝 담근 후, 오븐시트를 깐 오븐팬에 나란히 올린다.
5 위쪽 빵 단면에 1을 짜고, 아몬드 슬라이스를 뿌린다.
6 아래쪽 빵 단면에 남은 1을 짜고, 라즈베리를 6개씩 나란히 올린 다음, 5를 올리고 슈거파우더를 뿌린다.
7 200℃로 예열한 오븐에 약 20분 굽는다.
8 7이 완전히 식으면 라즈베리, 장미 꽃잎을 장식한다.

먹는 방법 ❸

카페 메뉴 스타일의 크루아상 샌드위치

특제 햄 & 치즈 크루아상

프랑스 빵집에서도 볼 수 있는, 식사용 크루아상의 정석 햄&치즈.
홀그레인 머스터드와 캐러웨이로 색다른 맛을 냈다.

재료(1개 분량)

본레스햄 1장
그뤼에르치즈(슬라이스) 15g
홀그레인 머스터드 1/2작은술
캐러웨이(씨) 적당량
크루아상 1개

* 캐러웨이를 커민으로 대체해도
좋다.

만드는 방법

1 빵을 수평으로 자르고, 아래쪽 빵 단면에 머스터드를 바른다.
2 1의 머스터드 위에 햄, 치즈, 살짝 으깨어 향을 낸 캐러웨이를 순서대로 올린 다음, 오븐토스터에 치즈가 녹을 때까지 굽는다.
3 중간에 위쪽 빵도 오븐토스터에 가볍게 굽는다.
4 2에 3을 덮는다.

어울리는 술 맥주

특제 스크램블드에그 크루아상

폭신한 스크램블드에그와 크루아상의 조합이 환상적이다.
채소를 더하면 영양적으로도 균형 잡힌 샌드위치가 된다.

재료(1개 분량)

스크램블드에그
　달걀 1개
　생크림(또는 우유) 1큰술
　버터 5g
　소금 1/10작은술
　후추 조금
아스파라거스(가능하면 가는 것)
　2~3줄기
마늘(얇게 썬) 1~2개
올리브오일 1/2큰술
소금, 후추 조금씩
크루아상 1개

* 옥수수, 파프리카, 주키니, 양송
이버섯, 대파 등 계절채소로 속
재료를 바꾸어도 좋다.

만드는 방법

1 아스파라거스는 질긴 뿌리부분을 3㎝ 잘라내고, 반으로 썬다.
2 작은 프라이팬에 올리브오일, 마늘을 넣고 중불에 올린다. 마늘이 갈색이 되면 꺼낸다.
3 2에 1을 넣고, 뾰족한 끝부분에 구운 색이 들 때까지 볶은 다음 소금, 후추를 뿌린다.
4 빵을 수평으로 자르고, 각각 오븐토스터에 가볍게 굽는다.
5 스크램블드에그(p.134 참조)를 부드럽게 만든다.
6 아래쪽 빵에 5를 올리고, 취향에 따라 2의 마늘을 으깨어 뿌린다.
7 6에 3을 올리고 위쪽 빵을 덮는다.

어울리는 술 스파클링와인, 화이트와인

● 사용한 빵 : 길이 13㎝, 폭 7㎝의 크루아상

크루아상은 만능이다. 디저트뿐 아니라 식사로도 좋다. 프랑스에서 대중적인 햄치즈부터,
크루아상을 파이처럼 사용한 오리지널 레시피, 샐러드를 곁들인 원플레이트 요리까지 소개한다.

잉글리시 브렉퍼스트 크루아상

잉글리시 브렉퍼스트에 꼭 들어가는 재료인 베이컨, 달걀프라이, 토마토로
샌드위치를 완성했다. 베이컨은 메이플시럽을 뿌려 달콤하게 만들었다.

재료(1개 분량)

달걀프라이
| 달걀 1개
| 식물성기름 1큰술
| 소금, 후추 조금씩
메이플베이컨
| 베이컨 1장
| 메이플시럽 적당량
토마토(작은 것) 1/2개(50g)
소금 조금
크루아상 1개

만드는 방법

1 달걀프라이(p.134 참조)를 만든다.
2 메이플베이컨을 만든다. 베이컨을 반으로 자르고, 1의 프라이팬에 바삭해질 때까지 굽는다.
3 접시에 메이플시럽을 붓고, 2의 한쪽면을 담근다.
4 토마토는 두께 5mm로 썰고, 소금을 살짝 뿌린다.
5 빵을 수평으로 자르고, 각각 오븐토스터에 가볍게 굽는다.
6 아래쪽 빵에 3, 4, 1을 순서대로 올리고, 위쪽 빵을 덮는다.

어울리는 술 　맥주, 하이볼

특제 게살샐러드 크루아상

비싼 게를 부담 없는 가격에 맛볼 수 있는, 게살 통조림을 이용한 샐러드.
버터 풍미가 강한 크루아상과 잘 어울린다.

재료(1개 분량)

허브와 레몬게살 샐러드
| 게살 통조림(작은 것) 1/2캔
| 오이 1/5개(30g)
| 처빌(생) 1줄기(다져서 1/2큰술)
| 쪽파(가능하면 가는 것) 2~3줄기
| 레몬껍질(간/가능한 국내산)
| 조금
| 마요네즈 1큰술
| 홀그레인 머스터드 1/4작은술
잎채소(취향에 따라/p.143 참조)
  1/2장
크루아상 1개

만드는 방법

1 허브와 레몬게살 샐러드를 만든다. 오이는 껍질과 씨를 제거하여 가로세로 5mm 크기로 깍둑썰기한 다음, 키친타월로 물기를 닦아낸다.
2 처빌(잎만 사용)은 다지고, 쪽파는 잘게 썬다.
3 작은 볼에 1, 2, 레몬껍질, 마요네즈, 머스터드를 넣고 잘 섞는다.
4 게살 통조림은 국물을 완전히 제거하고, 게살 20g을 3에 넣어 잘 버무린다.
5 빵을 수평으로 자르고, 각각 오븐토스터에 가볍게 굽는다.
6 아래쪽 빵에 잎채소, 4를 순서대로 올리고, 위쪽 빵을 덮는다.

어울리는 술 　스파클링와인, 화이트와인

현장특파원 소식 ❷

프랑스인의 브리오슈 사랑은 크루아상 사랑을 초월한다! 브리오슈 아 테트에 사랑을 담아

봉주르! 파리 특파원인 마드무아젤 뤼팽, 잔이에요. 그래요, 프랑스를 구한 국민 영웅 잔 다르크의 잔이랍니다. 잘 부탁해요. 여러분, 혹시 「브리오슈」를 알고 있나요? 그럼 일본에서 알려진 프랑스 왕비 마리 앙투아네트의 「빵이 없으면 과자를 먹으면 되잖아」라는, 그녀의 사치스러웠던 삶을 상징하는 것 같은 폭언은 들어보셨나요? 이 대사(조작이라는 설이 강하지만)의 프랑스어 원문을 보면 「菓子(과자)」에 해당하는 단어가 브리오슈(brioche)로 나와 있어요. 영어로 번역할 때, 브리오슈가 케이크로 번역된 모양인데…… 어째서 브리오슈가 케이크로 변해버린 걸까요. 거기에는 그럴 만한 역사적 배경이 있답니다.
브리오슈의 역사는 16세기까지 거슬러 올라갑니다. 낙농업으로 유명한 프랑스 노르망디 지방에서 탄생했지요. 그 후, 우리 프랑스인 선조는 이 브리오슈를 바탕으로 케이크나 타르트를 만들었습니다. 그 유명한 「가토 생토노레」라는 슈케이크도 처음에는 브리오슈 반죽으로 만들었다고 해요. 즉, 브리오슈는 쇼트케이크에 들어가는 스펀지 케이크처럼 모든 케이크 반죽의 기본인 것이지요. 그래서 영어로 「케이크」로 번역되었고, 이것이 일본에서는 「菓子」로 번역되었을 겁니다.
「단것」이 귀했던 시대에 「단것」의 상징이었던 브리오슈. 그 점이 우리의 DNA에 오랜 시간 새겨져, 깊은 애정을 느끼게 한 것이 틀림없어요. 위(그래요)! 프랑스 전 지역에 브리오슈를 이용한 다양한 로컬 빵과 디저트가 그 흔적처럼 남아 있어요. 빵집에 가도 작은 것부터 큰 것까지 다양하게 갖춰져 있어요. 크루아상 반죽으로 만든 빵은 「팽 오 쇼콜라(초콜릿 크루아상)」나 「크루아상 오 자망드(아몬드 크루아상)」 정도밖에 없지만, 브리오슈는 일반적으로 활용도가 높답니다! 살레(식사용 빵)로도 잘 어울립니다. 이렇게 우리 프랑스인의 브리오슈 사랑에 대해 열심히 이야기해 보았는데요. 일본에는 브리오슈를 파는 빵집이 적지만, 단팥빵 반죽이나 조리빵의 기본 반죽으로 쓰이는 등 알지 못하는 사이에 많이 쓰이고 있다고 무슈 이케다에게 들었어요. 자포네(일본인), 천재예요! 일본에서도 「브리오

슈 아 테트(「머리가 달린 브리오슈」라는 뜻)」는 비교적 구하기 쉬운 것 같아요. 테트(머리)를 떼고 구멍을 뚫은 다음, 브리오슈에 대한 잔의 사랑과 함께 다양한 속재료를 채워 봤어요. 본 데귀스타시옹(맛있게 드시길)!

온통 빵집 일색인 파리에서도, 낡은 겉모습을 유지하고 있는 빵집은 역사적인 건물로 지정된 곳이 많다.

브리오슈 아 테트, 아라레(쌀과자)가 뿌려진 브리오슈, 초콜릿칩이 들어간 브리오슈가 나란히 놓인 쇼케이스.

구멍에 채우고 싶은 다양한 필링

긴지름 7cm, 높이 8cm인 브리오슈를 사용.
브리오슈의 윗부분(머리)을 떼어내고
아랫부분의 속살을 눌러, 속재료를 넣을 구멍을 만든다.

수크레 (디저트용)

아이스크림 + 과일

1 구멍에 바닐라 아이스크림을 채운다.
2 가로세로 1cm(조금 적게)로 각둑썰기한 딸기를 올린다.

홈메이드 코티지치즈 + 꿀

1 홈메이드 코티지치즈(p.156 참조)를 만든다.
2 구멍에 1의 1/4 분량을 채우고, 꿀을 두른다.
3 2를 1번 더 반복한다.

녹인 초콜릿 + 견과류

1 헤이즐넛 5알을 오븐토스터에 굽고, 반으로 자른다.
2 작은 내열용기에 손으로 부순 초콜릿 15~20g을 넣고, 전자레인지(500W)에 1분 돌린 다음 섞는다. 초콜릿이 녹을 때까지 반복한다.
3 구멍에 1을 2알 분량만큼 넣고, 2의 절반 분량을 흘려 넣는다.
4 3을 반복하고, 마지막으로 1을 1알 분량만큼 장식한다.
* 녹인 초콜릿 대신 가나슈(p.159 참조)를 사용해도 좋다.

살레 (식사빵용)

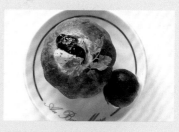

블루치즈 + 호두

1 작은 볼에 으깬 블루치즈 3g, 굵게 다진 구운 호두 10g을 넣고 골고루 섞는다.
2 구멍에 1을 채운다.

* 다진 자두를 넣거나 꿀을 뿌리는 등 단맛을 보충해주면 좋다.

소시지 + 피스타치오 크림치즈

1 작은 볼에 크림치즈 1개(18g), 다진 피스타치오 5g을 넣고 잘 섞는다.
2 길이 2cm 소시지 2개를 데친다.
3 구멍에 1을 1/2 분량만큼만 채우고, 2를 1개 넣는다.
4 3을 1번 더 반복한다.

푸아그라 + 무화과 콩피튀르

1 구멍에 푸아그라 10g을 채우고, 적은 양의 무화과 콩피튀르(p.151 참조)를 올린다.
2 후추를 뿌리고 처빌 잎을 장식한다.

잔의 메모

생햄, 판체타 같은 육류가공품, 파테 드 캉파뉴 같은 샤퀴트리 등도 잘 어울린다. 고급스러운 햄버거를 만들고 싶을 때는 브리오슈를 추천한다. 그 밖에 카망베르 + 사과 콩피튀르, 훈제연어 또는 어란(연어알 등) + 프레시치즈 + 쪽파도 어울린다.

식 빵

가장 많이 팔리는 빵

기원·어원

(간식빵이나 조리빵과 구별하여) 「주식」으로
먹는 빵이라는 의미(여러 설이 있음).

재료

밀가루(강력분), 물, 설탕,
(버터, 우유, 탈지분유, 달걀 등), 소금, 빵효모

식빵의 기원은 18세기에 영국에서 탄생한 「틴 브레드」이다. 산업혁명 시기 공장에서 틴(금속틀)에 넣어 대량생산하게 되면서 이런 이름이 붙었다. 이 틀은 뚜껑이 없어, 오븐 속에서 반죽이 위로 부풀면서 산형식빵이 되었다. 산형식빵이 미국에 전해지자, 뚜껑을 덮은 틀에 굽기 시작하면서 사각식빵이 탄생했다. 일본에서는 에도시대 말기 요코하마에 건너온 영국인이 구운 일이 시초지만, 식빵이 본격적으로 정착한 것은 전후 미국의 식문화를 받아들이면서부터다. 토스트는 대중적인 아침식사 메뉴가 되었다. 식빵은 사람들의 입맛에 맞게 진화했다. 폭신하고 쫄깃하며 촉촉한 은은하게 단맛이 도는, 식감도 부드러운 흰쌀밥 같은 빵이 된 것이다.

영국에서 유래한 산형식빵과 미국에서 유래한 사각식빵 모두 쉽게 구할 수 있으니, 상황이나 기분에 맞게 두 식빵을 구분해서 사용하자.

사각식빵

뚜껑에 가로막혀 높이 부풀지 못하기
때문에, 쫄깃하고 촉촉하게 완성되는
것이 특징이다. 기포가 작고 촘촘해서
식감이 부드럽다.

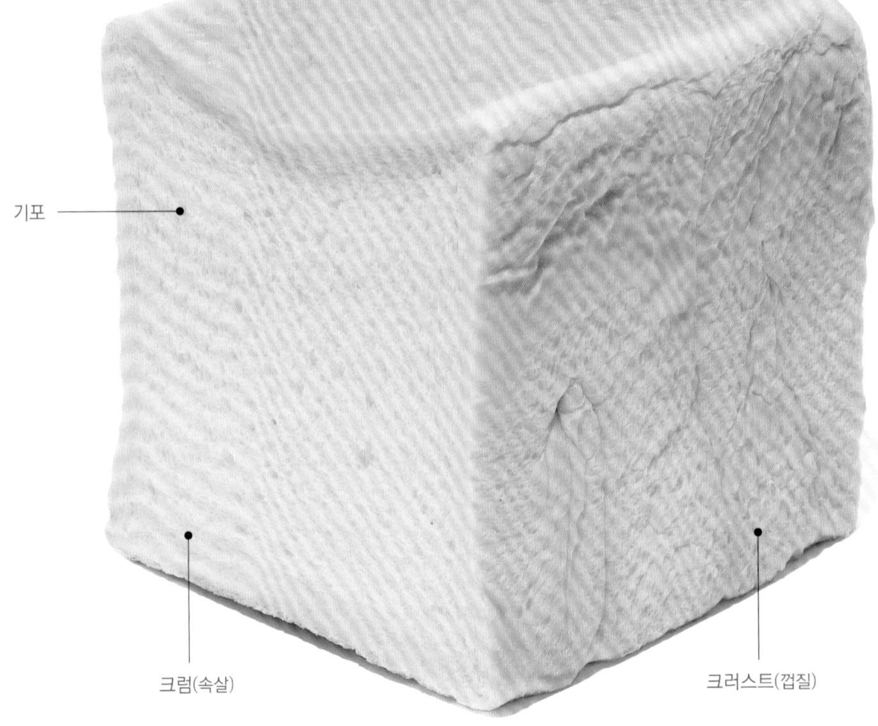

기포

크럼(속살)

크러스트(껍질)

만드는 방법의 특징

쫄깃한 빵이 좋다면 → 사각식빵
폭신한 빵이 좋다면 → 산형식빵

빵 중에서도 가장 위로 부피감 있게 부풀어야 하는 것이 식빵이다. 그만큼 공기를 품는 고무 역할의 글루텐을 많이 형성시킬 필요가 있다. 글루텐의 기반인 단백질을 많이 함유한 강력분을 사용하고 많이 반죽해야 탄력 있는 글루텐이 형성된다.

산형식빵과 사각식빵의 차이는, 반죽을 틀에 넣은 다음 뚜껑을 덮느냐 덮지 않느냐다. 뚜껑을 덮고 굽는 사각식빵은 반죽이 높이 부풀지 못하여 쫄깃하고 촘촘한 식빵이 된다. 뚜껑을 덮지 않는 산형식빵은 폭신하고 결이 거칠게 완성된다.

왼쪽이 사각식빵, 오른쪽이 산형식빵이다. 같은 틀에 넣어도 뚜껑을 덮으면 사각식빵이 되고, 뚜껑을 덮지 않으면 산형식빵이 된다.

산형식빵
윗부분이 산처럼 부풀어 올라 부피감이 있고 폭신하다. 기포가 세로로 길게 형성되며, 촉감이 거칠다. 윗부분이 직접 열이 닿아 고소하다.

크러스트(껍질)

기포

크럼(속살)

응용

식빵만큼 다양한 개성을 자랑하는 빵은 없다!

어떤 반죽이든 틀에 넣어 구우면 식빵이 된다. 따라서 식빵에는 정말 다양한 타입이 있다. 상황에 맞게 식빵의 종류를 선택하거나, 반대로 구입한 식빵에 어울리는 먹는 방법을 고민해 보는 일도 재미있다.

각 식빵의 개성에 있어 가장 중요한 포인트는 단맛이다. 생식빵, 호텔식빵처럼 단맛이 나는 타입과 하드 토스트처럼 달지 않은 타입은 맛이 완전히 다르다. 일반적인 식빵, 탕종(고가수) 식빵, 전립분 식빵의 경우 빵집마다 차이가 나므로, 단맛이 어느 정도인지 확인하고 구입하는 것이 좋다.

그다음으로 중요한 것이 쫄깃한(식감이 묵직한) 타입이냐, 폭신한 타입이냐이다. 탕종(고가수) 식빵 등은 물이 많이 들어간 식빵(생식빵도 이런 경우가 있다), 하드 토스트는 쫄깃하고 묵직한 식빵이다. 반면 호텔식빵이나 브리오슈 식빵은 크게 부풀려 폭신한 식감이 두드러지게 만든다.

A-1

A-2

A 일반적인 식빵

빵집에서 흔히 볼 수 있는 타입. 버터 토스트에 잼을 발라서 달걀프라이처럼 짭짤한 요리를 올리는 등 다양한 재료와 잘 어울린다. 은은한 풍미가 있어 매일 질리지 않고 먹을 수 있다.

B 전립분 식빵

전립분을 배합한 식빵. 식감이 무거워지기 쉽지만, 진한 풍미가 있다. 밀기울 알갱이가 느껴지는 경우도 있다. 토스트하면 전체적으로 고소한 향이 나서 버터와 잘 어울린다. 식이섬유, 미네랄 성분이 많다.

C 탕종(고가수) 식빵

쫄깃하고 촉촉하며 입안에서 잘 녹는다. 밀가루가 물을 충분히 흡수하여 호화(p.125 참조)하므로 단맛이 나고 오래 보관할 수 있다. 물을 많이 넣으면 (밀가루 무게의 약 80% 이상) 쫄깃한 식감이 난다.

D 하드 토스트

바게트 반죽(p.8 참조)으로 만든 식빵. 지방을 넣어 반죽이 잘 늘어나게 만드는 경우도 있다. 어떤 속재료와도 잘 어울리며, 토스트하면 매우 고소한 향이 나고 표면이 바삭해진다. 식감은 묵직한 편이다.

식빵 그래프

가로축은 단맛의 정도, 세로축은 반죽의 식감을 나타낸다. 오른쪽으로 갈수록 단맛이 강하고, 위로 갈수록 식감이 가볍다. 일반적인 식빵(사각식빵)은 중앙에 위치하고, 산형식빵은 식감이 가벼운 편이다. 단, 전립분 식빵은 전립분이 들어간 식빵을 통틀어 가리키므로, 배합률이 10~100%이고 단맛 정도도 다양하다.

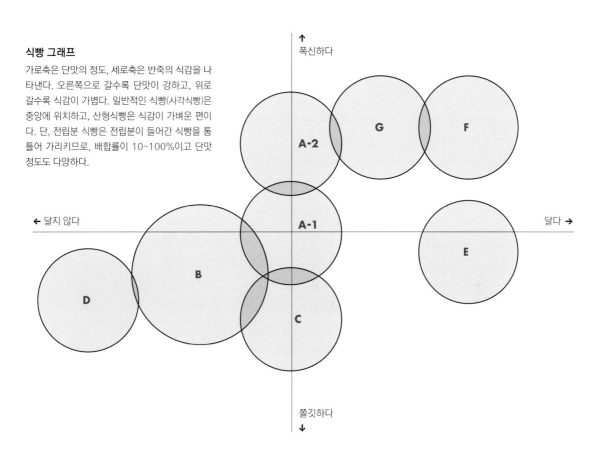

↑ 폭신하다

← 달지 않다   달다 →

쫄깃하다 ↓

A-2 G F A-1 E B D C

E 생식빵(고급식빵)

설탕, 마가린, 생크림, 버터 등 지방류를 듬뿍 넣어 단맛과 쫄깃한 식감을 강조한 식빵이다. 요리보다는 아침식사나 간식에 적합하다. 잼, 팥앙금을 바르거나 과일을 올려 먹는다.

F 호텔식빵

마가린, 생크림을 많이 배합한 식빵. 부드럽고 부피감이 있으며 식감이 폭신하다. 생식빵과 마찬가지로 아침식사나 간식에 적합하다. 토스트하면 바삭해져서 리예트 같은 페이스트와 잘 어울린다.

G 브리오슈 식빵

버터, 달걀을 배합한 리치한 식빵. 잼이나 초콜릿처럼 달콤한 스프레드를 바르기만 해도 그럴싸한 간식이 된다. 푸아그라, 간페이스트, 흰곰팡이치즈와도 잘 어울린다. 햄버거 또는 프렌치토스트를 만들기에도 좋다.

자르는 방법

자르는 방법에 따라 식빵은 변신한다

두께 1.5㎝(8장 자르기)
얇게 자른 타입. 토스트하면 입안에서 잘 녹는다. 골고루 구워져 식감이 바삭하지만, 쫄깃함이나 밀 고유의 풍미는 사라진다. 속재료에 상관없이 어느 샌드위치에나 잘 어울린다.

두께 1㎝(12장 자르기)
샌드위치용으로 판매하는 두께. 섬세한 샌드위치에 적합하지만, 속재료의 부피가 크면 얇을 수도 있다. 토스트하면 바삭해져 의외로 먹기 편하며, 홍차와도 잘 어울린다.

두께 2㎝(6장 자르기)
만능 타입. 얇게 자른 것처럼 먹기 편하면서 두껍게 자른 것처럼 부피감도 있지만, 어중간하다고도 할 수 있다. 용도를 정하지 못했을 때 추천한다. 고기 등 속재료를 듬뿍 넣은 푸짐한 샌드위치에 적합하다.

두께 2.4㎝(5장 자르기)
4장 자르기와 함께 비교적 두껍게 자르는 방법이다. 4장 자르기보다 조금 가볍고, 입안에서 부드럽게 녹는다. 겉은 바삭하고 속은 쫄깃해서 다양한 식감을 즐길 수 있다. 샌드위치용으로는 적합하지 않다.

두께 3㎝(4장 자르기)
커피숍 토스트처럼 식빵을 매우 두껍게 자르는 방법. 토스트할 때 겉만 바삭하게, 속은 촉촉하고 쫄깃하게 굽는다. 어떤 속재료와 조합해도 빵맛을 이기지 못한다.

평소에는 별생각 없이 자르지만, 깊이 살펴보면 자르는 방법에 따라 맛이 달라진다. 상황에 따라 토스트의 두께를 다르게 자르면 어떨까? 더운 날에는 타액 분비가 줄어들고 식욕이 떨어진다. 이런 날에는 평소보다 얇게 잘라 보자. 비삭한 식감에 기분이 좋아지고, 입안에서 잘 녹아 목 넘김도 좋을 것이다.

맛있는 식빵을 구한 날은 두껍게 자르자. 좋은 식빵은 입안에서 잘 녹기 때문에 두껍게 자르는 것이 적합하다. 그만큼 한입에 들어가는 빵의 양이 늘어나, 빵맛을 마음껏 즐길 수 있다. 휴일에 정성껏 내린 커피와 함께 느긋하게 아침식사를 즐길 때도 두껍게 자르는 것이 좋다. 2인분을 준비할 때 8장으로 잘라 1장씩 먹는 것보다, 4장으로 잘라 여유 있게 토스트하여 반씩 먹는 편이 더 즐기는 기분을 누릴 수 있다.

자른 다음 굽느냐, 구운 다음 자르느냐에 따라서도 「같은 빵인가?」 싶을 만큼 달라진다. 전자의 경우 속까지 충분히 익기 때문에 식감이 가벼워지고 밀의 풍미가 살아난다. 표면적도 증가하므로, 바삭한 껍질을 좋아하는 사람이라면 자른 다음 굽는 방법을 추천한다.

반으로 자르기
가장 일반적인 방법. 모서리가 많아져 먹기 편한 형태.
3등분해도 동일한 장점을 가진다.

막대모양 자르기
페이스트나 반숙달걀을 찍어 먹을 때 좋다. 가늘어 먹기 편하므로, 빵을 잘 먹지 않는 아이도 좋아한다.

주머니 자르기
반으로 자른 다음, 중앙에 칼집을 내면 주머니가 된다.
카레 등 국물류를 넣을 수 있다.

칼집 내기
토스트할 때 열이 안쪽까지 쉽게 전달되며, 버터가 속까지 스며들어 맛있다.

굽는 방법

그 순간 최고의 구운 색을 찾아라

오븐토스터로 굽는 시간이 기준(전부 1000W)

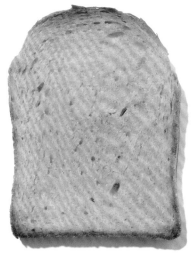

1분 30초 미디엄레어

구워진 정도가 그러데이션을 이루어, 빵 고유의 맛과 고소한 향을 모두 느 낄 수 있다. 흰 부분이 더 많아서 섬세 한 맛의 요리와도 잘 어울린다.

0분 생

오늘 나온 빵은 먼저 굽지 말고 생으 로 먹어, 그 빵의 개성이나 장인의 솜 씨를 맛보자. 생식빵뿐 아니라, 모든 식빵은 생으로 먹었을 때 느껴지는 깊 은 맛이 있다.

1분 레어

표면이 마를 정도의 상태. 빵 고유의 맛은 잃지 않는다. 흰살생선이나 양송 이버섯 등 섬세한 풍미를 지닌 재료, 밀크잼이나 치즈 등 밀키한 재료와 잘 어울린다.

시간 여유가 있을 때 만들면 좋은 버터 토스트

두께 2.4cm 또는 3cm 식빵을 사용

프라이팬

1 빵에 칼집을 낸다
가운데에 십자모양 등으로 칼집을 낸다. 빵을 관통하지 않게 주의한다.

2 프라이팬에 식빵을 올린다
이때 빵에 닿지 않게 프라이팬 옆면을 따라 물 10㎖를 붓는다.

3 뚜껑을 덮고 중불에 찌듯이 굽는다
중불에 3분 30초~4분(냉동은 +30초) 굽는다. 고소한 향이 나면 살짝 들어서 아랫면이 얼마 나 구워졌는지 확인한다(원하는 구운 색이 들었 다면 뒤집는다).

「토스트는 어떤 색으로 구워야 하나요?」라는 질문을 받으면, 나는 「그러데이션」이라고 답한다. 흰 부분도 남아 있으면서 모서리가 살짝 탈 정도로 구우면, 하나의 빵에 다양한 맛이 공존하여 식빵 1장을 질리지 않고 맛있게 먹을 수 있다. 반대로 빵 전체에 진한 구운 색이 들도록 구워 버리면, 진하게 구운 색 부분의 맛이 강하여 흰 속살의 맛을 가리고 만다. 또 건조해지고 촉촉함이 사라져 맛있게 먹을 수 없다. 맛집까지 직접 찾아가 사온 빵은 레어 또는 미디엄레어로 굽는 것이 좋다. 장인의 솜씨를 온전히 느끼기 위해서다. 나는 매일 아침 빵을 토스트하는데, 몸 상태가 좋고 눈이 쉽게 떠진 날에는 토스트도 맛있게 완성되는 것 같다.

`2분` 미디엄

이른바 「노릇한 색」을 띠는 상태. 노릇하게 구운 토스트는 언제나 맛있다. 녹인 버터, 커피, 밀크티와 잘 어울린다. 고기요리 등 맛이 강한 요리와 함께 먹어도 좋다.

`3분` 웰던

빵이 타기 직전인 상태. 고소한 향이 다른 풍미를 덮어 버리므로, 오래된 빵 또는 오프플레이버(이스트 냄새 등)가 느껴지는 빵도 맛있게 먹을 수 있다.

4   뒤집은 다음 버터를 올린다
뚜껑을 열고 30초(냉동은+15초) 굽는다. 이 때 버터 10g(양은 취향에 맞게)을 올려 녹인다.

5   불을 끄고 30초 기다리면 완성!
남은 열로 속까지 익힌다.

오븐토스터

1   분무기로 물을 뿌린다
분무기로 식빵에 물을 2번 뿌린다.

2   오븐토스터에 굽는다
약 2분 예열한 후, 1분 30초(산형식빵은 볼록한 부분이 앞으로 오게) 정도 굽는다.

3   버터를 녹인다
가열을 멈춘 다음 버터를 올렸다면, 문을 다시 닫고 약 30초 동안 그대로 둔다(속까지 충분히 익힌다).

먹는 방법 **❶**
일본에서 인기 있는 샌드위치 & 토스트

탱글탱글 두툼한 달걀말이 샌드위치

두툼한 달걀말이를 넣어 인기가 많은 샌드위치. 탱글탱글한 식감의 두툼한 달걀말이는 전자레인지로 쉽게 만들 수 있다. 겨자마요네즈가 좋은 악센트를 준다.

재료(4조각 분량)
탱글탱글 두툼한 달걀말이
┌ 달걀 3개
│ 우유 50㎖
│ 소금 1/5작은술
│ 설탕 1작은술
└ 마요네즈 1큰술
겨자마요네즈
┌ 마요네즈 1큰술
└ 겨자 1/4작은술
버터(상온에 둔) 5g
사각식빵(두께 2cm) 2장

어울리는 술 맥주, 사케

만드는 방법
1 탱글탱글 두툼한 달걀말이(p.135 참조)를 만든다.
2 비닐랩을 넓게 깔고 그 위에 **1**을 뒤집어 올린 다음, 비닐랩으로 단단히 싸서 빵 크기에 맞게 모양을 정리한다.
3 겨자마요네즈를 만든다. 작은 볼에 마요네즈와 겨자를 넣고 잘 섞는다.
4 빵 한쪽면에 버터를 바르고, 다른 1장의 빵 한쪽면에 **3**을 바른다.
5 넓게 펼친 비닐랩 위에 **4**의 버터를 바른 빵, **2**를 순서대로 올리고, 다른 1장의 빵을 덮는다. 전체를 비닐랩으로 싸고 상온(또는 냉장고)에 최소 10분 동안 둔다.
6 비닐랩을 씌운 채로 **5**의 테두리를 잘라내고, 양쪽 대각선 방향으로 잘라 4등분한다.

즉석 피자소스를 넣은 피자 토스트

냉장고에 피자소스가 없을 때는 냉장고에 있는 재료로 간단히 피자소스를 만들 수 있다. 화이트와인이 없는 경우 미림이나 물을 대신 사용하자.

재료(1개 분량)
미니살라미 3장
슈레드치즈 30g + 조금
양송이버섯 2개
방울토마토 3개
피망 1/2개
양파(얇게 썬) 2~3장
즉석 피자소스
┌ 버터 5g
│ 케첩 1+1/2큰술(15g)
│ 화이트와인 1작은술
│ 마늘(간) 1/8 작은술
└ 말린 허브 1꼬집
후추 조금
사각식빵(두께 2.4cm) 1장

어울리는 술 맥주, 와인(화이트, 로제)

만드는 방법
1 즉석 피자소스를 만든다. 작은 내열용기에 버터를 넣고, 전자레인지(500W)로 약 15초 가열하여 녹인다.
2 **1**에 케첩, 와인, 마늘, 말린 허브를 순서대로 넣으면서 잘 섞는다.
3 살라미는 반으로 자르고 양송이버섯, 토마토는 두께 5㎜로 썬다. 피망은 씨를 제거하고 두께 5㎜로 둥글게 썬다.
4 빵에 **2**를 바르고 **3**의 살라미, 양송이버섯을 촘촘하게 나란히 올린다.
5 **4**에 치즈 30g을 넓게 올리고 **3**의 토마토, 피망, 양파를 얹은 다음 치즈를 조금 뿌린다.
6 **5**를 오븐토스터에 넣어, 치즈가 녹고 빵 가장자리가 바삭해질 때까지 굽는다.
7 **6**에 후추를 뿌린다.

● 사용한 빵 : 대형업체 식빵

일본인에게 인기 있는 식빵이므로, 우선 일본식으로 먹어 보자. 달걀 샌드위치, 피자 토스트에 과일 샌드위치까지.
추억의 인기 레시피에 조금 변화를 주어, 재료 고유의 맛과 식감을 더욱 살린 진화한 버전이다.

홈메이드 프로마쥬 블랑 과일 샌드위치

과일 샌드위치에는 일반적으로 휘핑크림을 사용하지만,
홈메이드 프로마쥬 블랑을 더하여 은은하게 신맛이 도는 크림을 만들었다.

재료(3조각 분량)

홈메이드 프로마쥬 블랑
- 플레인 요구르트 80g
- 생크림 50㎖
- 설탕 10g

휘핑크림
- 생크림 50㎖
- 설탕 5g

딸기 4개
키위 1/2개
사각식빵(두께 1.5cm) 2장

만드는 방법

1 홈메이드 프로마쥬 블랑을 만든다. 커피 드리퍼에 종이필터를 끼우고, 드리퍼 밑에 물받이 용기를 놓는다.
2 볼에 요구르트, 설탕을 넣고 거품기로 잘 섞는다.
3 2에 생크림을 더하고, 균일해질 때까지 섞는다.
4 1의 드리퍼에 3을 흘려 넣고, 비닐랩을 씌워 냉장고에 최소 1시간 30분 동안 넣어 둔다.
5 휘핑크림을 만든다. 다른 볼에 생크림, 설탕을 넣고 잘 섞는다.
6 5의 볼 바닥을 얼음물로 받치면서, 뿔이 뾰족하게 설 때까지 거품을 낸다. 비닐랩을 씌우고 냉장고에 넣는다.
7 딸기는 꼭지를, 키위는 껍질을 제거하고 각각 두께 5mm로 썬다.
8 4가 적당히 굳으면 6에 넣고, 거품기로 부드러워질 때까지 섞는다.
9 비닐랩을 넓게 펼친 다음, 그 위에 빵 1장을 올리고 8의 1/2분량을 바른다. 자른 빵의 단면을 고려하면서 7을 나란히 올린다.
10 9 위에 8의 나머지를 올리고, 과일 사이를 보기 좋게 채운 다음 다른 1장의 빵을 덮는다.
11 10 전체를 비닐랩으로 싸고, 냉장고에 최소 5분 동안 넣어 둔다.
12 비닐랩을 씌운 채로 테두리를 잘라내고, 수직으로 잘라 3등분한다.

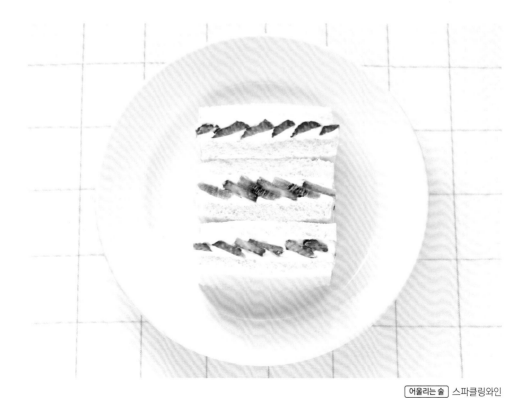

어울리는술 스파클링와인

먹는 방법 ❷

외국에서 탄생한 여러 가지 샌드위치

어울리는 술 레드와인(풀, 미디엄), 흑맥주

즉석 로스트비프 샌드위치

식빵이 탄생한 영국의 인기 샌드위치.
얇게 썬 소고기를 겹쳐서 프라이팬에 구운, 즉석 로스트비프를 넣는다.

재료(2조각 분량)

즉석 로스트비프(식빵 4장 분량)
　얇게 썬 소고기(설도)
　　250~300g
　소금 1/4작은술
　후추 적당량
　올리브오일 1큰술
물냉이 15g
홀스래디시 마요네즈
　마요네즈 1+1/2큰술(15g)
　홀스래디시 3/4작은술
버터(상온에 둔) 10g
산형식빵(두께 2㎝) 2장

* 홀스래디시가 없으면 와사비 3/4
　작은술을 대신 사용한다.

만드는 방법

1 즉석 로스트비프(p.137 참조)를 만든다.
2 물냉이는 뿌리쪽을 1㎝ 잘라내고, 물에 씻은
　다음 얼음물에 담근다.
3 홀스래디시 마요네즈를 만든다. 작은 볼에 마
　요네즈, 홀스래디시를 넣고 잘 섞는다.
4 2를 꺼내어 키친타월로 물기를 제거하고, 반
　으로 자른다.
5 빵은 오븐토스터에 미디엄레어(p.58 참조)로
　굽는다.
6 5(빵 2장 분량)의 한쪽면에 버터를 바르고, 빵
　1장의 버터를 바른 면에 1의 1/2분량을 1장
　씩 벗기면서 올린다.
7 6 위에 3을 바르고 4를 올린 다음, 다른 1장의
　빵을 덮고 수직으로 2등분한다.

어울리는 술 맥주, 화이트와인

참치 멜트 샌드위치

미국에서 탄생한, 참치를 넣은 인기 핫샌드위치.
이렇게 프라이팬으로 핫샌드위치 만드는 방법을 배워 두면, 다른 재료로 응용도 가능하다.

재료(2조각 분량)

참치샐러드
　참치캔 1캔(70g)
　양파(가능하면 적양파) 15g
　셀러리(줄기) 10g
　홈메이드 피클(오이 p.149 참조/
　　또는 시판 스위트피클) 10g
　마요네즈 1+1/2큰술(15g)
　후추 조금
레드체다치즈 20g
버터 10g
산형식빵(두께 2㎝) 2장

* 레드체다치즈가 없으면, 슈레드
　치즈 또는 슬라이스치즈를 대신
　사용한다.

만드는 방법

1 참치샐러드를 만든다. 양파, 심을 제거한 셀러
　리, 피클은 다진다.
2 참치캔은 기름을 완전히 제거한 다음 참치
　60g을 볼에 담고 1, 마요네즈, 후추를 더하여
　골고루 버무린다.
3 빵 1장 위에 2를 넓게 올리고, 치즈를 얹는다.
4 프라이팬에 버터 1/2 분량을 넣어 중불에 올
　린 다음, 버터가 녹으면 3을 올리고 다른 빵
　1장을 덮는다. 뒤집개로 살짝 누르면서 몇 분
　동안 굽는다.
5 구운 색이 들면 4를 뒤집고, 남은 버터를 더하
　여 다른 한쪽면에 구운 색이 들 때까지 굽는다.
6 5를 대각선 방향으로 잘라 2등분한다.

* 만드는 방법 3에서 참치샐러드와 치즈 사이에
　토마토 슬라이스를 넣어도 맛있다.

● 사용한 빵 : 대형업체 식빵

로스트비프 샌드위치, 참치 멜트 샌드위치, 오이 샌드위치 같은 영국과 미국의 인기 식빵 샌드위치를 쉽고 맛있게 만들 수 없을까?
이런 고민 끝에 다음 레시피가 탄생했다. 맥도날드 애플파이가 연상되는 디저트도 소개한다.

어울리는 술 맥주, 화이트와인

봄베이 포테이토와 오이 샌드위치

감자가 듬뿍 들어간 인도풍 샌드위치이므로,
식빵은 조금 얇게 두께 1.5cm로 자른다. 채소만 넣었어도 먹으면 든든하다.

재료(2조각 분량)

오이 마리네이드
  오이 1/2개
  소금 1/8작은술
  화이트와인 1작은술
봄베이 포테이토
  감자(중간 크기) 2개(250g)
  식물성기름 1/2큰술
  머스터드씨, 커민씨
    1/4작은술씩
  월계수잎 1장
  소금 1/4작은술
  터메릭 파우더, 코리앤더 파우더
    1/8작은술씩
  타바스코소스 조금
버터(상온에 둔) 10g
사각식빵(두께 1.5cm) 2장

만드는 방법

1 오이 마리네이드(p.144 참조)를 만들고 냉장고에 넣는다.
2 봄베이 포테이토(p.148 참조)를 만든다.
3 빵은 오븐토스터에 미디엄(p.59 참조)으로 굽는다.
4 3(빵 2장 분량)의 한쪽면에 버터를 바르고, 빵 1장의 버터를 바른 면에 2를 넓게 펴 바른다.
5 4 위에 키친타월로 물기를 제거한 1을 조금씩 어긋나게 겹쳐서 올린 다음, 다른 빵 1장을 덮는다.
6 5를 수직으로 2등분한다.

어울리는 술 화이트와인

애플 핫샌드위치

샌드위치 메이커로 사과 샌드위치를 만들면 애플파이와 비슷해진다.
보기 좋게 구워지도록 와플 메이커를 사용했다.

재료(2조각 분량)

캐러멜사과
  사과 1개(300g)
  설탕 40g
  물 1큰술
  카다몬 파우더 2꼬집
버터(상온에 둔) 20g
산형식빵(두께 2cm) 2장

만드는 방법

1 캐러멜사과(p.150 참조)를 만든다.
2 빵 2장의 한쪽면에 버터를 5g씩 바르고, 빵 1장의 버터를 바른 면에 1을 넓게 펴 바른 다음 다른 빵 1장을 덮는다.
3 작은 내열용기에 남은 버터를 넣고, 전자레인지(500W)에 약 15초 가열해서 녹인다.
4 샌드위치 메이커 안쪽에 조리용 붓 등으로 3을 얇게 바른 다음, 2를 넣고 굽는다. 중간에 빵 양쪽면에도 3을 바른다.
5 4를 수직으로 2등분한다.

* 만드는 방법 4에서 녹인 버터를 많이 바를수록 구운 색이 보기 좋게 나온다.

현장특파원 소식 ❸

속재료와 토스트가 철판 위에서 하나가 된다
한국의 스트리트 푸드 「길거리 토스트」

안녕하세요! 일본생활 2년차인, 서울에서 온 유학생 김빵잼입니다. 도쿄에 살고 있어요. 일본어가 아직 유창하지 않지만 잘 부탁드립니다.

도쿄에서의 생활은 즐겁습니다. 만화, 애니메이션도 실컷 볼 수 있고(물론 공부도 열심히 하고 있습니다)! 하지만 「이것만 있으면 더할 나위 없을 텐데……」라는 생각이 드는 게 있어요. 바로 길거리 「포장마차」입니다. 사람이 많이 다니는 길에서 볼 수 있어요. 걸으면서 먹을 수 있는 간식이나 간단한 음식을 파는데, 뭐든 맛있어요. 어묵을 파는 포장마차도 있답니다. 일본 편의점처럼요. 제가 가장 좋아했던 건 길거리 토스트(포장마차 토스트)예요. 철판 위에서, 채소를 듬뿍 넣은 달걀부침과 버터를 가득 발라 구운 식빵을 합체시킨 핫샌드위치예요. 한국인은 채소를 많이 먹기 때문에 달걀말이에도 채소가 듬뿍 들어간답니다. 인기 소스는 케첩과 설탕이에요. 믿기 어렵겠지만, 이 설탕이 맛의 비결이랍니다. 여기에 연유를 뿌려도 맛있습니다. 한국인은 이 토스트를 아침식사로도 먹어요. 저도 대학에 가기

전 길거리에서 사 먹었어요. 그때가 그립네요. 포장마차 아주머니는 잘 계실지. 집에서도 만들 수 있으니 보여드릴게요.

그리고 「원팬 토스트」도 있어요. 이건 한국 친구들 사이에 유행이라고 하길래, 만드는 방법을 배웠어요. 얇은 달걀말이 위에 자른 식빵을 올린 다음, 뒤집어서 달걀만 접어줍니다. 그 담엔 치즈와 잼을 올리고 반 접어요. 여기에도 버터를 듬뿍 바르면 프렌치토스트 같은 맛이 난답니다. 달걀만 넣어도 맛있고요. 길거리 토스트보다 훨씬 간단하니 만들어 보세요(레시피는 p.135 참조). 이걸 먹고 오늘도 열심히 공부합시다! 안녕~.

길거리 토스트   원팬 토스트

길거리 토스트

재료(2조각 분량)
로스햄 2장
달걀 1개
양배추 20g
당근 15g
쪽파 2~3줄기
소금 조금
버터 15~20g
케첩 적당량
설탕 적당량
식빵(두께 1.5㎝) 2장

만드는 방법
1 햄, 양배추, 당근은 채썰고, 쪽파는 잘게 썬다.
2 볼에 달걀을 넣고 젓가락으로 충분히 푼다.
3 2에 1과 소금을 더하고 잘 섞는다.
4 프라이팬을 중불에 올리고, 버터 1/5 분량을 넣어 녹인다.
5 4에 3을 흘려 넣고, 식빵 크기에 맞게 사각형으로 모양을 잡아 양쪽면을 굽는다. 트레이에 옮긴다.
6 같은 프라이팬에 버터 2/5 분량을 넣고, 버터가 녹았을 때 빵을 올려 한쪽면이 노릇해질 때까지 굽는다.

7 6에 남은 버터를 넣고, 빵을 뒤집어 다른 한쪽면이 노릇해질 때까지 굽는다.
8 7의 1장 위에 5를 올리고 케첩(아래 사진), 설탕을 순서대로 뿌린 다음, 다른 1장을 덮는다.
9 8을 대각선 방향으로 잘라 2등분한다.

현장특파원 소식 ❹

빵의 원형을 간직한 넓적한 빵, 피타
「메제」의 훌륭한 조연으로 작은 접시 요리와 함께 즐긴다

왼쪽부터 시계방향으로, 4등분한 피타 / 후무스 : 병아리콩 페이스트 (p.150 참조) / 타불레 : 레바논풍 파슬리 샐러드 (p.143 참조) / 무함마라 : 파프리카와 호두 페이스트 (p.146 참조) / 바바 가누스 : 구운 가지 페이스트 (p.149 참조) / 타라모살라타 : 그리스풍 어란 페이스트 (p.148 타라모살라타로 대체 가능하다)

피타

메르하바! 나는 중동대표 터키특파원 무스타파 피타힌입니다. 에헴! 빵의 원형이라 불리는 음식이 내가 사는 중동 지역에서 생겨났는 거 아시나요?

그 무렵에는 아직 「발효」라는 기술이 없어서, 밀이나 보리를 으깨어 물과 함께 반죽한 다음 둥글게 밀어 굽기만 했어요. 요즘 이야기하는 「무발효빵」(p.119 참조)인 셈이죠. 지금도 중동이나 지중해 주변 지역에서는 평소에 넓적한 빵을 먹습니다. 대표적인 빵이 바로 「피타」. 푸드트럭에서 많이 보이는 케밥 샌드위치(내 친구들도 아르바이트하면서 많이 만들었어요) 알죠? 거기에 사용하는 둥글고 흰 빵이 피타야. 속이 비어 있어서 「포켓 브레드」라 불리기도 합니다. 여기에 케밥(구운 고기)이나 생채소를 넣어 샌드위치를 만들 수 있어요. 병아리콩을 둥글게 빚어 튀긴 「팔라펠」과 채소를 듬뿍 넣은 팔라펠 샌드위치도 인기가 많습니다.

사실 이 빵은 다르게 먹는 방법이 있어요. 빵을 4등분해서 다양한 페이스트에 찍어 먹는 거예요.『빵 – 취급설명서』에 여러 나라의 다양한 페이스트나 스프레드가 소개된다고 하길래, 내 차례가 왔다고 생각했어요.

피타와 페이스트 종류를 맛보려는 사람에게 꼭 소개하고 싶은 것이 「메제」. 메제도 중동이나 지중해 주변 지역 식문화인데, 간단히 말해 「식전주와 함께 먹는, 작은 접시에 담긴 요리」입니다. 테이블 위로 작은 접시에 담긴 5~10가지 정도 요리가 나란히 놓이는데, 그중에 페이스트 종류가 꽤 많아요. 이걸 피타에 찍어 먹으면 정말 맛있고, 피타가 없으면 토르티야나 난에 찍어 먹어도 괜찮아요. 아니면 자기 나라에서 흔히 먹는 식빵 중에 얇은 것을 토스트해서, 삼각형 모양으로 4등분해 보세요. 1cm 내외로 슬라이스한 바게트를 바삭하게 구워도 좋아요.

그럼, 이제 메제에 들어가는 작은 접시 요리를 일부 소개할게요. 나라마다 이름이나 식재료 등이 조금 차이가 나지만, 그 점은 양해해 주세요. 멕시코 과카몰리, 프랑스 당근라페, 독일 사우어크라우트 같은 음식도 함께 곁들이면, 글로벌한 메제를 즐길 수 있을 거예요!

곳페빵 & 버터롤

일본에서 만들어진 달콤하고 폭신한 추억의 빵

기원·어원

곳페빵 : 1919년 일본 육군 납품용 빵으로 탄생.
어원은 프랑스어 「쿠페」(자르다)라고 알려져 있다.
버터롤 : 버터를 넣은 롤빵.
평평하게 민 반죽을 말아서(롤) 만들기 때문에 붙은 이름이다.

재료

곳페빵 : 밀가루, 물, 설탕, 버터, 소금, (우유, 탈지분유 / 탈지유 등
유제품)
버터롤 : 밀가루, 물, 버터, 설탕, 달걀, 소금, (우유, 탈지분유 / 탈지
유, 연유 등 유제품)

두 빵 모두 일본인에게 친숙한 빵이며, 차이점은 리치한 정도
다. 설탕이나 버터가 더 많고, 달걀이 들어가는 경우가 많은 것

이 버터롤(곳페빵에 달걀이 들어가는 경우도 있다)이다. 곳페빵은
단맛을 줄여, 배합이 식빵(p.52 참조)에 가깝다.

한 끼 분량을 기본으로 크기가 정해지며, 군용으로 탄생한 빵이
곳페빵이다. 태평양전쟁 중에는 배급용이었고, 전후에 급식용
빵으로 보급되었다. 쌀밥보다 수송이나 배급이 간편하며 설거
지를 해야 하는 수고도 덜 수 있어 큰 사랑을 받았다.

반면, 버터롤은 양식이나 호텔 조식으로 사랑받아 온 역사가 있
다. 그 결과 곳페빵은 평소에 먹는 빵, 버터롤은 특별한 날에 먹
는 빵이라는 인식이 자리잡았다.

곳페빵과 닮은 빵으로 핫도그빵이 있다. 빵집 중에 식사용으로
는 핫도그빵을, 간식용으로는 곳페빵을 나누어 만드는 곳도 있
지만, 사실 그 경계가 애매하다. 핫도그빵이 상대적으로 단맛이
적어 식사용으로 잘 어울린다.

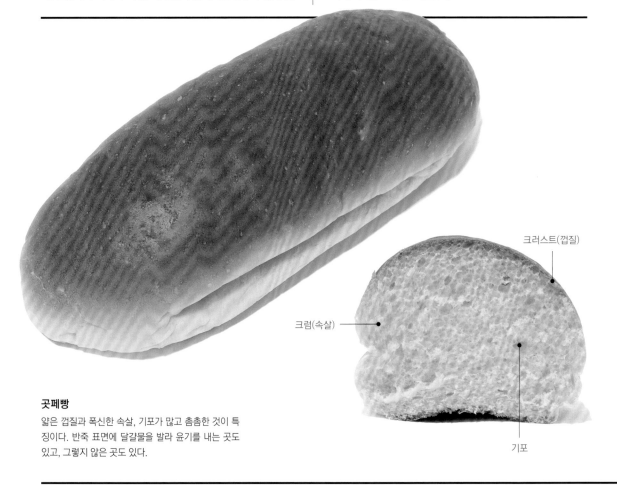

크러스트(껍질)

크럼(속살)

기포

곳페빵

얇은 껍질과 폭신한 속살, 기포가 많고 촘촘한 것이 특
징이다. 반죽 표면에 달걀물을 발라 윤기를 내는 곳도
있고, 그렇지 않은 곳도 있다.

만드는 방법의 특징

가늘고 길면 곳페빵, 작고 통통하면 버터롤

두 빵을 만드는 방법의 가장 큰 차이는 성형방법이다. 버터롤은 반죽을 밀대로 민 다음, 돌돌 말아 만든다. 곳페빵은 반죽을 3절접기하여 가츠오부시 형태로 만든다(「가츠오부시빵」이라 불린 적도 있다). 테이블롤로 찢어 먹는 버터롤과 달리, 샌드위치로 만드는 곳페빵은 입에 넣기 편한 모양으로 완성한다.

곳페빵 성형
손바닥으로 접고 늘인 반죽을 3절접기한 다음, 다시 2절접기한다.

버터롤 성형
밀대로 민 반죽을 돌돌 만다.

버터롤
특징은 곳페빵과 거의 비슷하다. 단, 버터와 달걀 함유량이 높아 노란 빛을 띠며 촉촉하다. 표면에 달걀물을 발라 윤기를 내는 경우가 많다.

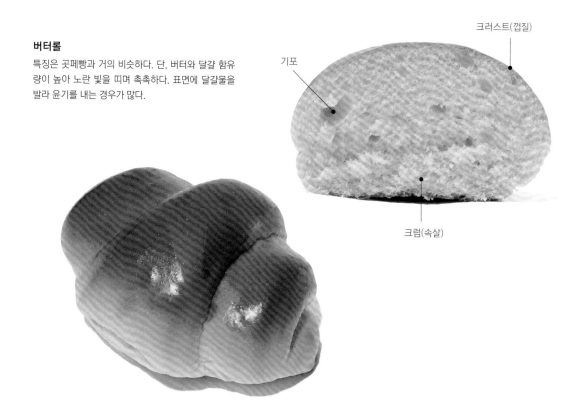

크러스트(껍질)

기포

크럼(속살)

자르는 방법

자르는 방법에 재미를 더해 보자

곳페빵도 버터롤도 자르는 방법은 같다. 수평으로 잘라 위아래로 벌리는 「수평으로 칼집 내기」, 세로로 잘라 좌우로 벌리는 「세로로 칼집 내기」, 두 방법을 절충한 「비스듬히 칼집 내기」가 있다.

「줄무늬모양 칼집 내기」, 「세로로 2번 칼집 내기」는 칼집을 낸 곳마다 다른 색깔의 속재료를 넣을 수 있어 재미있다. 딸기, 블루베리 등의 잼, 마멀레이드, 오이, 파프리카, 새싹채소 등의 채소류를 넣는다. 아니면 소시지와 매시트포테이토(p.147 참조)처럼 궁합이 맞는 조합도 좋다.

세로로 칼집 내기
속재료가 잘 보이기 때문에 꾸미기가
쉽다. 예를 들어 휘핑크림(p.158 참조)
과 귤을 넣어 과일 샌드위치 등을 만들
수 있다. 핫도그를 만들 때도 이 방법
이 일반적이다.

비스듬히 칼집 내기
속재료를 듬뿍 넣을 수 있는 데다 내용
물도 잘 보인다. 타르타르소스(p.71 참
조)나 묽은 잼 등 잘 흐르는 재료도 어
느 정도 잡아줄 수 있다.

수평으로 칼집 내기
속재료를 듬뿍 채울 수 있다. 위에서
눌러 핫샌드위치로 만들 수도 있다.
잼, 땅콩버터, 버터 등 스프레드를 바
르기 편하다.

굽는 방법
태우지 않고 데운다

오븐토스터에 데우면 부드럽고 더욱 고
소한 향이 난다. 단, 곳페빵도 버터롤도
타기 쉽고 단단해지기 쉬우므로 주의가
필요하다. 여기서는 알루미늄포일을 이
용한 방법을 소개한다. p.42 크루아상
굽는 방법에도 적용할 수 있다.

1 빵을 알루미늄포일로 감싼다
알루미늄포일로 감싸서 열이 직접 닿지 않
게 한다.

2 2분 예열한 오븐토스터에 3분 굽는다
샌드위치용은 칼집을 먼저 낸 다음 구워야
속까지 잘 구워진다.

먹는 방법 ❶

추억의 재료에 작은 정성을 들여

양갱 & 커피버터

팥앙금 대신 슬라이스한 양갱을 넣었다. 팥과 커피의 조합은
어디선가 맛본 것 같은 추억의 맛을 선사한다.

재료(1개 분량)

양갱(두께 5mm) 5장
달지 않은 커피버터
　버터(가능하면 무염 / 상온에 둔)
　　10g
　물 적당량
　인스턴트커피 0.2g
곳페빵 1개

만드는 방법

1　달지 않은 커피버터를 만든다. 작은 볼에 물과
　커피를 넣고, 작은 주걱으로 잘 섞는다.
2　1에 버터를 넣고 크림 상태가 될 때까지 섞는다.
3　빵에 세로로 칼집을 낸 다음 칼집 속 한쪽면에
　2를 바르고, 다른 한쪽면에 양갱을 올린다.

＊　버터는 일반 버터나 레몬버터(p.157 참조)를
　사용해도 좋다.

어울리는 술 사케(단맛)

레몬 풍미 토마토소스 나폴리탄

레몬껍질로 향을 입혀 상큼한 토마토소스.
이 소스를 사용하면 나폴리탄 빵도 색다른 맛이 난다.

재료(2개 분량)

본레스햄 2장
피망 1개(30~40g)
양파 15g
스파게티 40g
레몬 풍미 토마토소스
　(만들기 쉬운 분량)
　레몬(가능한 국내산) 1개
　마늘 3쪽(15g)
　물 100ml
　올리브오일 3큰술
　토마토 통조림
　　(가능하면 다이스드) 400g
　꿀 1큰술
　소금 1/2작은술
올리브오일 1작은술
소금, 후추 조금씩
파슬리(생) 2송이
버터(상온에 둔) 10g
곳페빵 2개

만드는 방법

1　레몬 풍미 토마토소스(p.153 참조)를 만든다.
2　햄은 폭 8mm의 긴 직사각형으로 자르고, 피망
　은 씨를 제거하여 채썬다. 양파는 피망과 같은
　길이로 얇게 썬다.
3　소금(분량 외)을 넣은 끓는 물에 스파게티를 삶
　고, 포장지에 나와 있는 시간이 되면 건져서
　물기를 제거한다.
4　작은 프라이팬에 올리브오일을 중불로 가열하
　고, 2를 넣어 볶는다. 피망이 숨이 죽으면 소
　금, 후추를 뿌린다.
5　4에 3, 1 4큰술, 1에서 남은 레몬껍질을 채썬
　것 10조각을 넣고, 소스를 잘 섞으면서 물기
　가 사라질 때까지 볶는다.
6　빵에 세로로 칼집을 내서 안쪽에 버터를 바르
　고, 5를 채운 다음 파슬리를 장식한다.

어울리는 술 맥주, 와인(로제, 레드/라이트)

● 사용한 빵 : 대형업체 핫도그빵(길이 19㎝, 폭 6㎝ / 곳페빵 전문점의 빵보다 작은 편)

곳페빵은 추억의 양식, 또는 일식과 양식의 퓨전 디저트와 잘 어울린다. 둘 다 누구나 좋아하는 인기 메뉴이지만,
재료를 추가하는 등 조금만 정성을 들이면 맛이 크게 좋아진다. 곳페빵 대신 버터롤을 사용하면 2개를 만들 수 있다.

 어울리는 술 │ 맥주, 하이볼, 화이트와인(드라이)

허니포크진저 & 양배추

인기 반찬인 돼지고기 생강구이 양념에, 꿀을 넣어 양식 스타일로 바꾸었다.
채썬 양배추를 듬뿍 넣어도 잘 어울린다.

재료(1개 분량)

허니포크진저
│ 생강구이용 돼지고기(조금 두꺼
│ 운 것) 1장(40~45g)
│ 생강(가로세로 1cm로 깍둑썰기한)
│ 1.5g
│ 녹말가루 조금
│ 간장 1+1/2작은술
│ 술, 미림 1작은술씩
│ 꿀 1/4작은술
│ 식물성기름 1작은술
양배추 30g
겨자마요네즈
│ 마요네즈 1작은술
│ 겨자 1/6작은술
버터(상온에 둔) 2.5g
곳페빵 1개

만드는 방법

1 양배추는 심을 제거하고 채썬다.
2 허니포크진저를 만든다. 돼지고기를 반으로
  자른 다음 녹말가루를 전체에 묻힌다.
3 작은 볼에 간장, 술, 미림, 꿀, 껍질을 벗겨서
  간 생강을 넣고, 잘 섞는다.
4 프라이팬에 기름을 중불로 가열한 다음 2를
  넣고, 양쪽면에 구운 색이 살짝 들 때까지 굽
  는다.
5 4에 3을 흘려 넣고 버무린다.
6 겨자마요네즈를 만든다. 작은 볼에 마요네즈,
  겨자를 넣고 잘 섞는다.
7 빵에 세로로 칼집을 낸 다음 칼집 속 한쪽면에
  버터를, 다른 한쪽면에 6을 바른다.
8 7의 버터를 바른 면에 5를, 마요네즈를 바른
  면에 1을 넣는다.

 어울리는 술 │ 맥주, 하이볼, 사케(쓴맛)

생선튀김 & 타르타르소스

맛있는 타르타르소스가 생선튀김의 맛을 한층 끌어올린다.
튀김, 소테, 어디에 뿌려도 맛있는 만능 타르타르소스다.

재료(2개 분량)

생선튀김
│ 흰살생선(대구, 삼치 등) 2토막
│ 소금, 후추 조금씩
│ 박력분, 달걀물, 빵가루 적당량
│ 튀김기름 적당량
버터헤드상추(p.143 참조) 4장
타르타르소스(만들기 쉬운 분량)
│ 완숙달걀(p.134 참조) 1개
│ 양파 15g
│ 스위트피클(시판 제품) 30g
│ 마요네즈 50g
│ 후추 조금
파슬리(생/잎/다진) 적당량
버터(상온에 둔) 10g
곳페빵 2개

만드는 방법

1 타르타르소스를 만든다. 달걀을 완숙으로 삶
  고(p.134 참조) 식힌 다음 다진다.
2 양파, 피클은 다진다.
3 작은 볼에 1, 2, 나머지 재료를 넣고 잘 섞는
  다. 비닐랩을 씌워 냉장고에 넣는다.
4 생선튀김을 만든다. 흰살생선은 잔가시가 있
  으면 제거하고, 빵에 넣기 좋은 크기로 자른다.
  소금을 살짝 뿌리고 10분 동안 그대로 둔다.
5 키친타월로 4의 물기를 제거하고, 후추를 뿌
  린다. 박력분을 묻히고, 달걀물과 빵가루를 순
  서대로 바른 다음 그대로 5분 동안 둔다.
6 180℃로 달군 기름에 5를 넣고, 양쪽면이 노
  릇해질 때까지 튀긴다.
7 빵에 세로로 칼집을 내고, 안쪽에 버터를 바
  른다.
8 7에 버터헤드상추, 6을 순서대로 넣은 다음 3
  을 올리고, 파슬리를 뿌린다.

먹는 방법 ❷
롤빵의 아담한 크기를 살릴 수 있는 재료로

아이스 귤빵

이탈리아식 아이스크림, 젤라토가 들어가는 브리오슈 샌드위치를 롤빵으로 만들었다.
한천이 들어간 과일 통조림을 이용하여 과일과 한천을 함께 올려도 맛있다.

재료(1개 분량)
귤(통조림) 5~6개
아이스크림(바닐라) 1/2컵(55㎖)
롤빵 1개

만드는 방법
1 귤을 키친타월 위에 나란히 올려, 여분의 시럽을 제거한다.
2 빵에 비스듬히 칼집을 낸다.
3 아이스크림은 컵에 버터나이프를 찔러넣고, 빵에 넣기 좋은 크기로 자른다.
4 **2**에 **3**, **1**을 넣는다.

어울리는 술 | 스파클링와인

더블올리브 포테이토 샐러드빵

포테이토 샐러드의 정석인 마요네즈 대신 올리브오일을 사용하고,
올리브 열매를 넣어 섞었다. 다진 양파를 더해도 맛있다.

재료(1개 분량)
본레스햄 1장
올리브오일 포테이토 샐러드
(롤빵 3~4개 분량)
  감자(큰 것) 1개(200g)
  올리브(그린/씨 제거) 7알
  올리브오일 1+1/2큰술
  소금 1/4작은술
  후추 조금
버터(상온에 둔) 5g
롤빵 1개

만드는 방법
1 올리브오일 포테이토 샐러드를 만든다. 감자는 껍질을 벗겨 두께 1.5㎝로 둥글게 썰고, 물에 최소 5분 동안 담근다.
2 작은 냄비에 2/3 높이까지 물을 채우고, 뚜껑을 덮어 센불에 올린다.
3 **2**가 끓으면 물기를 뺀 **1**을 넣고, 중불로 약 20분 삶는다.
4 올리브는 가로세로 5㎜ 크기로 깍둑썰기한다.
5 **3**이 완전히 부드러워지면 뜨거운 물을 버린다. 감자를 다시 냄비에 넣고, 중불에 올려 수분을 날린다.
6 **5**를 볼에 옮기고, 절굿공이 등으로 굵게 으깬다.
7 **6**에 **4**, 나머지 재료를 넣고 감자가 너무 잘게 부스러지지 않도록 버무린다.
8 빵에 비스듬히 칼집을 내고, 안쪽에 버터를 바른다.
9 **8**에 **7**, 2절접기한 햄을 순서대로 넣는다.

어울리는 술 | 와인(화이트, 로제, 레드/라이트)

● 사용한 빵 : 대형업체 빵보다 조금 큰 롤빵

1인분 샌드위치를 만들기 쉬운 롤빵. 이 롤빵의 크기를 이용한 핫도그, 햄버거, 이탈리아식 샌드위치 2종류를 소개한다.
속재료의 양을 2배로 늘리면 곳페빵에도 응용할 수 있다.

소시지 & 그린 렐리시

시판 소시지로 핫도그를 만들 때는 롤빵 정도의 크기가 제격이다.
채소를 다져서 만든 렐리시로 색다른 핫도그를 완성했다.

재료(2개 분량)

소시지 2개
그린 렐리시
| 적양파 1/4개(50g)
| 홈메이드 피클(오이 p.149 참조/
| 　　또는 시판 스위트피클) 10g
| 파슬리(생/잎/다진) 1큰술
| 소금 1/5작은술
| 타바스코소스 적당량
식물성기름 1작은술
버터(상온에 둔) 6g
롤빵 2개

만드는 방법

1 그린 렐리시를 만든다. 양파, 피클은 다진다.
2 작은 볼에 1, 파슬리, 소금, 타바스코소스(듬뿍)를 넣고 잘 섞는다.
3 소시지는 4곳에 칼집을 내고, 80℃ 정도의 뜨거운 물에 1분 삶는다. 이어 작은 프라이팬에 기름을 중불로 가열하고 삶은 소시지를 굽는다(삶는 과정은 생략해도 좋다).
4 빵에 세로로 칼집을 내고, 안쪽에 버터를 바른다.
5 4에 3을 넣고, 2를 올린다.

어울리는 술 맥주, 하이볼

100% 비프 롤빵

햄버거용 번 대신 롤빵을 사용하여,
미국식으로 감칠맛 가득한 소고기 100%인 비프패티를 넣었다.

재료(2개 분량)

비프패티
| 다진 소고기 100g
| 소금 1/5작은술
| 후추 조금
| 올리브오일 1큰술
특제 함박스테이크소스
| 겨자 1/8작은술
| 케첩 1/2큰술
| 주노소스 1큰술
토마토(두께 5mm) 2장
양파(두께 2mm) 2장
양상추(p.143 참조) 2장
버터(상온에 둔) 10g
롤빵 2개

* 주노소스는 우스터소스와 돈가
　스소스의 중간 소스다.

만드는 방법

1 특제 함박스테이크소스를 만든다. 작은 볼에 겨자, 케첩을 넣고 잘 섞는다.
2 1에 주노소스를 넣고 잘 섞는다.
3 비프패티를 만든다. 볼에 다진 소고기, 소금, 후추를 넣고 손으로 잘 반죽한다.
4 3을 2등분하여 두께 7~8mm의 타원형으로 뭉친다.
5 작은 프라이팬에 올리브오일을 중불로 가열하고, 4를 넣은 다음 뚜껑을 덮는다. 중심부가 익을 때까지 중불로 양쪽면을 굽는다.
6 빵에 비스듬히 칼집을 내고, 안쪽에 버터를 바른다.
7 6에 토마토, 양파, 2를 바른 5, 양상추를 순서대로 넣는다.

어울리는 술 맥주, 레드와인(미디엄)

현장특파원 소식 ❺

팥빵, 크림빵, 카레빵……
기본빵을 응용하여 약간의 보완과 변화를

저는 빵을 너무 좋아해서, 빵연구소 「팡라보」의 운영자 이케다 히로아키 씨의 어시스턴트로 일하고 있습니다. 예전에 잠시 방황했던 시기가 있어, 본명을 밝히기는 좀 그러니 닉네임인 「팡야로」로 불러주세요.

스승님은 2020년 12월부터, 고스페라즈(일본의 보컬 그룹)의 사카이 유지 씨와 BS아사히에서 「빵이 너무 좋아!」라는 프로그램에 출연하고 있습니다. 여러분, 혹시 보신 적 있나요? 보지 못한 분을 위해 설명하자면 매회 일본에서 유명한 빵을 하나 선정해서, 사카이 씨와 스승님이 각자 추천하는 빵을 가져와 맛보고 그 빵에 관한 이야기를 나눕니다. 그리고 마지막으로 스승님이 그 빵을 이용한 스페셜 레시피를 소개하는, 30분 분량의 알찬 프로그램입니다. 참고로 나레이션은 모델 안 미카 씨가 맡았습니다(빵과는 상관이 없으려나요). 스승님의 빵 사랑은 늘 곁에서 지켜보고 있어 잘 알지만, 사카이 씨의 빵 사랑 역시 장난이 아닙니다. 그런 사카이 씨도 스승으로 모시고 싶지만, 바람피워선 안 되겠지요. 저는 오직 이케다 스승님만 따르겠습니다.

프로그램이 끝나면, 저는 집에서 스승님의 레시피를 직접 만들어 보면서 제 나름대로 변화를 주기도 합니다. 그렇게 만든 빵을 스승님을 뵐 때 들고 갔는데 「팡야로 군, 이거 맛있어. 이 레시피를 꼭 좀 소개해 주게!」라는 뜻밖의 말을 들었습니다. 어라, 내가 만든 레시피로 괜찮은 걸까, 하는 생각이 들었습니다. 하지만 스승님은 「내 레시피를 소개해도 좋고, 팡야로 군이 개발한 레시피를 소개해도 좋으니, 망설이지 말고 다양한 레시피를 사람들에게 보여주게나! 독자도 그걸 더 좋아할걸세」라고 말씀하셨습니다. 스승님은 키도 큰데 마음도 넓으시군요. 저 팡야로도 열심히 해보겠습니다! 하는 분위기로 이렇게 글을 쓰기에 이르렀습니다.

서두가 너무 길어졌습니다만. 그럼 여러분, 이제 준비되셨나요? 이번에 소개할 빵은 단팥빵, 멜론빵, 크림빵, 잼빵, 카레빵, 소금빵 등 모두 6가지입니다. 잼빵은 프로그램에서 다루지 않았지만, 제가 좋아하는 빵이라 넣었습니다.

단팥빵

블루치즈 & 호두

재료 · 만드는 방법
블루치즈 1~2작은술
호두(홀/구운) 2~3개

1 빵을 반으로 자른다.
2 1의 빈 공간에 으깬 블루치즈와 호두를 넣는다.
＊ 블루치즈는 너무 많이 넣지 않도록 한다.

커피젤리

재료 · 만드는 방법
커피젤리(크림 포함) 적당량

1 빵을 반으로 자른다.
2 1의 빈 공간에 스푼으로 뜬 커피젤리를 채우고, 함께 들어 있던 크림을 얹는다.

멜론빵

생멜론 & 아이스크림

재료 · 만드는 방법
멜론 1/8조각
아이스크림(바닐라) 1/2컵(55㎖)

1 멜론은 껍질을 벗겨, 두께 5㎜로 자른다.
2 빵에 비스듬히 칼집을 내고 아이스크림, 1을 순서대로 넣는다.

딸기 & 사워크림

재료 · 만드는 방법
딸기 4~5개
사워크림 적당량

1 딸기는 꼭지를 떼고, 두께 5㎜로 썬다.
2 빵 무늬를 따라서 비스듬히 잘라 나눈다.
3 끝부분 빵의 단면에 사워크림을 바르고, 1을 조금씩 어긋나게 겹쳐서 붙인 후 사워크림을 바른 그 다음 빵을 붙인다.
4 반대쪽 끝부분 빵까지 3을 반복한다.

크림빵

구운 바나나 & 올리브오일

재료 · 만드는 방법

바나나 1/2개
그래뉴당 1작은술
올리브오일 적당량

1 바나나는 세로로 반 자르고, 그래뉴당을 뿌린다.
2 알루미늄포일을 깐 오븐토스터에 1을 올리고, 구운 색이 살짝 들 때까지 굽는다.
3 빵을 수평으로 자른 다음 2를 올리고, 올리브오일을 두른다.

아몬드 캐러멜 튀일

재료 · 만드는 방법

캐러멜 1개(4.5g)
아몬드(구운/무염/다진) 적당량

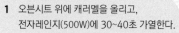

1 오븐시트 위에 캐러멜을 올리고, 전자레인지(500W)에 30~40초 가열한다.
2 1이 부푸는 동안 아몬드를 뿌린다.
3 빵을 반 자르고, 반으로 접은 2를 빈 공간마다 넣는다.

카레빵

달걀 & 치즈

재료 · 만드는 방법

반숙달걀(p.134 참조) 1개
슈레드치즈 적당량

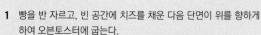

1 빵을 반 자르고, 빈 공간에 치즈를 채운 다음 단면이 위를 향하게 하여 오븐토스터에 굽는다.
2 반숙달걀을 반으로 잘라 1의 빈 공간에 넣는다.

토마토 & 코리앤더

재료 · 만드는 방법

홈메이드 세미드라이 토마토(p.144 참조) 25g
양파(다진) 15g
코리앤더(생/잎) 10장

1 작은 볼에 토마토, 양파, 손으로 찢은 코리앤더를 넣고 잘 버무린다.
2 빵을 반으로 잘라 오븐토스터에 굽는다.
3 2의 빈 공간에 1을 채운다.

잼빵

냉버터

재료 · 만드는 방법

버터(가능하면 무염) 적당량

1 버터는 되도록 얇게 잘라 냉동실에 넣는다.
2 빵을 수평으로 자르고 1을 넣는다.

호두앙금

재료 · 만드는 방법

호두앙금(p.152 참조) 적당량

1 빵을 수평으로 자른다.
2 1의 잼 위와 주변에 호두앙금을 올린다.

소금빵

BLM 샌드위치

재료 · 만드는 방법

베이컨(얇게 썬) 2장(30g)
잎새버섯 적당량
잎채소(취향에 따라/p.143 참조) 1~2장
올리브오일 1작은술
후추 조금
버터 조금
마요네즈 적당량

1 프라이팬에 올리브오일을 중불로 가열하고, 베이컨을 넣어 구운 색이 들 때까지 굽는다.
2 1에 손으로 찢은 잎새버섯을 넣고, 가볍게 볶은 다음 후추를 뿌린다.
3 빵에 비스듬히 칼집을 내고, 안쪽에 버터를 바른다.
4 3에 잎채소, 2의 베이컨, 마요네즈, 2의 잎새버섯을 순서대로 넣는다.

참치 다다키 & 특제 마요네즈 드레싱

재료 · 만드는 방법

참치 다다키 60g
양파(다진) 30g
새싹채소(가능하면 머스터드) 적당량
특제 마요네즈 드레싱
　마요네즈 1/2큰술
　발사믹식초 1/2작은술
　간장 1/2작은술
버터 조금

1 특제 마요네즈 드레싱 재료를 잘 섞는다.
2 작은 볼에 참치와 양파를 넣고 섞는다.
3 빵을 수평으로 자르고, 단면에 버터를 바른다.
4 3에 2를 넓게 올리고 1을 두른 다음 새싹채소를 뿌린다.

포카치아

이탈리아 요리에 어울리는 맛있고 납작한 빵

기원·어원

포카치아는 「불로 구운 것」이라는 의미.
그 기원은 뜨겁게 달군 돌에 빵을 굽던
기원전까지 거슬러 올라간다.

재료

밀가루, 물, 올리브오일, 소금

이탈리아어로 불을 뜻하는 「fuoco」(푸오코)가 어원인 포카치아. 가마가 발명되기 전, 오로지 납작한 빵밖에 굽지 못했던 시

대의 전통을 이어받은 듯하다. 이탈리아 북서부의 제노바에서 탄생했다고 알려져 있지만, 이탈리아 각 지방에 존재하며 지방별로 조금씩 차이가 난다(포카치아와 비슷한 스키아치아타라는 빵도 있어 더욱 복잡하다). 각 지방의 특징을 고집스럽게 지켜오고 있는 점이 이탈리아답다.

빵이 납작한 편이라, 샌드위치를 만들거나 요리에 곁들여 먹기 좋다. 올리브오일을 반죽에 넣고, 반죽 위에도 둘러서 굽기 때문에 바삭한 식감이 살아 있으며 이탈리아 식재료와도 잘 어울린다. 로즈메리, 올리브 등의 속재료를 올린 빵은 술안주로도 좋다. 걸으면서 먹기 좋아 길거리 음식의 성격도 지닌다.

피케 구멍

오븐팬 1개 분량의 크기로 구워, 나중에 자르는 경우도 있다. 일본에서는 1인분 크기의 원형으로 구울 때가 많다.

기포

크러스트(껍질)

크럼(속살)

만드는 방법의 특징

반죽에 구멍을 뚫는다고?

포카치아 반죽을 오븐에 넣는 모습은 장관이다. 오븐팬에 반죽을 넓게 펴고, 손가락(밀대를 이용하는 경우도 있다)으로 찔러 구멍을 낸다. 이 구멍으로 공기가 빠져나가, 반죽이 높이 부풀지 않고 납작한 모양 그대로 구워진다.

여기에 올리브오일을 듬뿍 뿌린다. 구멍에 흘러 들어간 오일이 반죽 속까지 스며들어서, 빵을 씹었을 때 오일이 스며 나오는 독특한 식감이 된다. 구멍에 들어가도록 암염이나 로즈메리를 토핑하는 곳도 있다.

반죽에 구멍을 낸다
피케라 불리는 과정이다. 구멍을 통해 공기가 빠져나가므로 납작한 모양 그대로 구워진다.

올리브오일을 뿌린다
올리브오일을 반죽에 직접 뿌린다. 구멍에 올리브오일이 흘러 들어가, 반죽 속까지 스며들어 맛있어진다.

토핑한다
소금을 뿌리거나, 구멍에 들어가도록 로즈메리를 토핑한다.

속재료를 올린다
채소를 토핑할 때는, 토마토소스를 바른 다음 그 위에 올리는 경우가 많다.

이탈리아를 대표하는 또 하나의 빵「치아바타」

치아바타는 이탈리아어로「슬리퍼」라는 뜻이다. 네모난 모양과 크기가 슬리퍼와 비슷해서 붙은 이름이다. 치아바타는 역사가 의외로 짧아, 1982년 아르날도 카발라리가 프랑스의 바게트에 대항할 빵으로 개발한 것이 시초다. 만드는 방법은 뤼스티크(p.22 참조)와 비슷하여, 반죽을 잘라 그대로 굽는다. 물이 많이 들어가 촉촉하고, 입안에서 잘 녹는 것이 특징이다. 일본에서는 올리브오일을 넣어 만들기 때문에, 포카치아와 비슷한 풍미가 된다. 따라서 p.80~81의 먹는 방법은 치아바타에도 적용할 수 있다.

자르는 방법

요리에 곁들이거나
샌드위치를 만들거나

이탈리아에서는 식사 때 맨 처음 포카치아 등의 빵을 잘라 바구니에 준비하여, 식전주의 안주로 삼거나 식사 중에 곁들여 먹는다. 수평으로 자른 빵에 속재료를 넣은 포카치아 샌드위치도 인기가 많다.

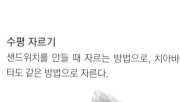

수평 자르기
샌드위치를 만들 때 자르는 방법으로, 치아바타도 같은 방법으로 자른다.

얇게 자르기
식사에 곁들일 때 자르는 방법. 두께 1~1.5㎝로 슬라이스한다. 바구니에 가득 담아 두면 각자 집어 먹는다.

사각 자르기 / 삼각 자르기
식사에 곁들일 때 자르는 방법. 한 입이나 두 입에 먹을 수 있는 크기로 잘라, 1인분씩 접시에 제공한다. 사각 포카치아는 사각형으로, 원형 포카치아는 삼각형으로 자른다. 바구니에 한꺼번에 담아서 각자 집어먹게 할 수도 있다.

굽는 방법

속재료와 함께
프라이팬에 굽는다

납작한 빵이므로 오븐토스터로 간단히 속까지 데울 수 있지만, 겉이 바삭해지도록 프라이팬에 굽는 방법도 추천한다. 토마토, 양파, 파프리카 등을 함께 구워 토핑하면 이탈리아에 온 기분이 든다.

1 **토핑 덜어내기**
소금, 로즈메리 등의 토핑은 프라이팬에 눌어붙지 않도록, 미리 덜어서 접시에 올려 둔다.

2 **프라이팬에 굽기**
프라이팬에 올리브오일(또는 버터)을 가열하여, 중불로 1분 동안 아랫면을 굽는다. 이때 토핑할 채소 등도 함께 굽는다(타지 않게 주의). 빵을 뒤집고 윗면을 30초 굽는다.

3 **완성**
접시에 빵을 옮기고 속재료, **1**의 토핑을 올려 완성한다.

응용
요리에 맞게
다양한 속재료를 사용한다

포카치아는 속재료가 정해져 있지 않다. 피자의 원형이 포카치아라는 말이 있듯이, 주변의 맛있는 재료는 무엇이든 올려 먹는 것이 포카치아 정신이다. 빵집 중에는 제철 식재료를 즉흥적으로 올려 제공하는 곳도 있다.

요리에 어울릴 만한 포카치아를 준비하면, [요리×빵]이 상승효과를 일으켜 즐거움은 무한대가 된다. 파스타처럼 간단한 요리에도 포카치아 하나만 곁들이면 테이블이 풍성해진다.

감자
크림계열 파스타, 수프, 조림, 닭고기 요리(조림/구이), 돼지고기 요리(조림/구이), 소시지 등과 어울린다.

구운 채소
기름진 요리와 잘 어울린다. 미트소스, 라구계열 파스타, 소고기 요리(조림/구이), 돼지고기 요리(조림/구이), 소시지 등과 어울린다.

로즈메리
담백한 고기나 크림계열과 잘 맞는다. 카르보나라, 닭고기 요리(조림/구이), 돼지고기 요리(조림/구이), 소시지, 달걀 요리, 감자 요리와 어울린다.

올리브
올리브는 염분이 꽤 있으므로 알리오올리오계열 파스타, 토마토소스 파스타, 어패류 파스타, 생선 요리, 라타투이와 어울린다.

토마토
생토마토는 생햄이나 모차렐라치즈와 특히 잘 맞는다. 드라이토마토를 포함하여 토마토는 알리오올리오계열 파스타, 어패류 파스타, 생선 요리, 달걀 요리에 어울린다.

먹는 방법
이탈리아 스타일의 식재료와 조합한다

어울리는 술 레드와인, 맥주, 하이볼

즉석 포르케타 & 구운 채소

이탈리아 버전 로스트포크인 「포르케타」를, 돈가스용으로 슬라이스한 돼지 목심으로 만들어 샌드위치에 넣었다.

재료(2개 분량)

즉석 포르케타(포카치아 4개 분량)
  돈가스용 돼지 목심 3장(300g)
  마늘 1쪽(5g)
  로즈메리(생) 1줄기(7cm)
  화이트와인 1큰술
  꿀 1작은술
  소금 3g(고기의 1%)
  펜넬(파우더) 1/2작은술
  올리브오일 2 + 1/2큰술
  후추 적당량
가지(두께 7~8mm) 4장
양파(두께 7~8mm) 4장
빨강 파프리카, 노랑 파프리카
  (폭 1cm) 1/4개씩
올리브오일 1큰술
후추 조금

발사믹식초 1/2작은술
포카치아 2개

만드는 방법

1 즉석 포르케타를 만든다. 돼지고기를 밀대로 5mm 남짓 두께로 민 다음, 화이트와인을 전체에 뿌리고 냉장고에 최소 10분 넣어 둔다.
2 마늘, 로즈메리(잎만)는 되도록 잘게 다진다.
3 작은 볼에 꿀, 소금을 넣고 잘 섞는다.
4 3에 2, 펜넬, 올리브오일 1+1/2큰술, 후추를 더하고 잘 섞는다.
5 도마에 요리용실 2줄을 나란히 놓고, 그 위에 1(1장씩)과 4(1/3 분량씩)를 번갈아 겹친다. 앞쪽부터 단단히 말아 실로 묶고, 냉장고에 최소 30분 넣어 둔다.
6 프라이팬에 남은 올리브오일을 중불로 가열하고 5를 넣어, 전체에 구운 색이 들 때까지 굽는다.
7 트레이에 6, 가지, 양파, 파프리카 2종류를 나란히 놓고 채소에 올리브오일, 후추를 뿌린다.
8 7을 160℃로 예열한 오븐에 약 50분 굽는다. 중간에 구운 채소부터 순서대로 꺼내고, 발사믹식초를 뿌린다.
9 8의 고기가 식으면 두께 5mm로 썬다.
10 빵을 수평으로 자르고, 단면에 8과 9를 올린 다음 합친다.

● 사용한 빵 : 가로세로 9~10cm인 네모난 포카치아

포카치아는 이탈리아 식재료와 함께할 때 더욱 맛있는 빵이다. 샌드위치를 만들든 요리에 곁들이든 크게 활약한다.
오븐 요리, 샐러드, 수프 등 이탈리아를 대표하는 요리에서 자유롭게 아이디어를 얻었다.

토마토와 올리브 허브무침

포카치아의 맛을 더욱 살려주는 조합이다.
짭짤한 맛이 강한 포카치아라면 소금을 더하지 않아도 좋다.

재료(1개 분량)

방울토마토 6개
적양파(두께 5mm) 3장
올리브(블랙/씨 제거) 5알
케이퍼 7알
바질(생 / 잎) 3장
민트(생 / 잎) 5장
올리브오일 1큰술
소금 조금
포카치아 1개

만드는 방법

1 토마토와 올리브는 4등분하고, 케이퍼는 반으로 자른다. 양파는 다지고, 바질은 굵게 다진다. 민트는 손으로 찢는다.
2 작은 볼에 1, 올리브오일을 넣고 잘 버무린다.
3 2와 빵의 맛을 보고, 소금으로 간을 한다.
4 빵을 수평으로 자른 다음, 아래쪽 빵에 3을 올리고 위쪽 빵을 덮는다.

* 재료가 밖으로 잘 빠져나오므로, 왁스페이퍼 등으로 말아서 먹으면 편하다.

어울리는 술) 스파클링와인, 화이트와인

수프 오 피스투

프랑스 남부에서 탄생한 수프로, 미네스트로네에 제노베제를 얹은 듯한 모양이다.
직화로 구운 토마토와 콩을 이용하여 색다른 맛을 냈다.

재료(3~4인분)

판체타 80g
양파 1/2개(125g)
감자(중간 크기) 1개(125g)
당근(작은 것) 1개(100g)
주키니 1개(200g)
강낭콩 50g
토마토(작은 것) 2개(200g)
콩(물에 삶은) 120g
올리브오일 2큰술
물 500㎖
소금 조금
제노베제(만들기 쉬운 분량)
　바질(생 / 잎) 30g
　마늘 1/2쪽(2.5g)
　캐슈너트(구운/무염) 50g
　소금 1/4작은술
　올리브오일 100㎖

만드는 방법

1 제노베제(p.154 참조)를 만든다.
2 판체타는 막대썰기한다.
3 양파, 감자, 당근, 주키니는 필요한 경우 껍질을 벗기고, 가로세로 1㎝ 크기로 깍둑썰기한다.
4 강낭콩은 길이 1㎝로 비스듬히 썬다.
5 토마토는 직화로 구워 얇은 껍질을 벗긴 후 (p.144 참조) 마구썰기한다.
6 냄비에 올리브오일을 중불로 가열하고 2, 3의 양파를 넣은 다음, 판체타에 구운 색이 들 때까지 볶는다.
7 6에 3의 당근, 주키니를 더하고 가볍게 볶는다.
8 7에 5, 물을 넣고 뚜껑을 덮은 후 센불에 올린다. 끓으면 약불로 줄이고 10분 조린다.
9 8에 콩, 3의 감자를 넣고 뚜껑을 덮은 다음, 다시 10분 조린다. 중간에 5분 지나면 4를 넣은 다음, 맛을 보고 소금으로 간을 한다.
10 접시에 담고 1을 올린다.

어울리는 술) 와인(화이트, 로제, 레드/라이트)

현장특파원 소식 ❻

치아바타도 포카치아도 없이
본고장 맛의 파니니 만드는 방법 공개!

본 조르노! 이탈리아 특파원 판쿠타 기노모쿄모입니다! 자, 본고장에서 파니니 만드는 방법을 소개합니다! 우선 치아바타를 준비해 주세요! 네? 집 근처에 그런 빵집이 없다고요? 식빵, 바게트, 크루아상밖에 없다고요? 오, 맘마 미아(맙소사)! 죄다 프랑스나 영국 빵이잖아요! 아니, 왜 이탈리아 빵은 팔지 않는 거죠? 그렇군요. 저에게 좋은 생각이 있어요! 지금 있는 3가지 빵으로 본고장의 파니니를 만들어 보자고요!

우선 바게트를 치아바타로 변신시켜 봅시다! 바게트를 수평으로 잘라 주세요. 그리고 도마 위에서 체중을 실어 꾹꾹 눌러 주세요. 네? 음식으로 장난치면 벌 받는다고요? 그게 아니라, 이렇게 하면 단단한 껍질이 치아바타처럼 바삭해져서 맛있어요! 자, 이제 파니니 메이커를 준비합시다! 네? 없다고요? 그럼 그릴팬을 준비해 주세요! 그래야 구웠을 때 그릴 자국이 생기니까요. 아니, 그것도 없다고요? 그럼 그냥 프라이팬을 써도 괜찮아요! 아랫면에 구운 자국이 생길 때까지 구워주세요.

이제 모든 준비가 끝났어요. 속살 쪽에 올리브오일을 듬뿍 뿌린 다음, 치즈+고기+채소를 넣어 보세요. 치즈는 이탈리아산 모차렐라치즈를 추천합니다. 근처 슈퍼에서 쉽게 구할 수 있고, 먹음직스럽게 녹는답니다. 고기는 살라미나 생햄, 아니면 모타델라(p.136 참조)를 사용하세요. 채소는 루콜라, 바질, 토마토가 좋습니다. 그 밖의 재료는 『빵 − 취급설명서』라는 훌륭한 책이 있으니 p.80~81 포카치아 먹는 방법을 참고하세요. 식빵도 마찬가지입니다. 두께 1.5㎝ 식빵 2장을 꾹꾹 눌러서 그릴팬(또는 프라이팬)에 구우세요. 빵을 누르면 밀도가 높아져서 포카치아와 좀 비슷한 식감을 낼 수 있어요.

크루아상 굽는 방법, 자르는 방법은 p.42를 참조하세요. 네? 「크루아상 같은 빵을 사용하면 프랑스식 샌드위치가 되어 버린다」고요? 노노! 크루아상이라고 부르면 안 돼요! 이탈리아에서는 「코르네토」라고 한답니다. 치즈, 오믈렛, 생햄을 넣으면 최고의 파니니가 완성된다고요!

쉽게 구할 수 있는 빵으로
파니니를 만들자!

크루아상, 식빵, 바게트로 3가지 파니니를 만들어 보았어요. 이탈리아에서 파니니라 하면, 먹기 직전에 굽거나 파니니 메이커를 이용하는 경우가 대부분입니다. 따듯해야 바삭해지고 식감도 좋아져 맛있기 때문이에요. 우리가 괜히 로마시대부터 빵을 먹은 게 아니라고요! 한번 만들어 보세요! 그럼, 차오차오!

사전 준비 포인트 ➜

수평으로 자른 바게트를 누른 모습. 빵을 도마 위에 올리고 손으로 꾹꾹 누르거나 밀대를 굴린다.

그릴팬에 굽는 모습. 프라이팬을 사용할 때는 버터나 올리브오일을 넣어 가열한 후에 빵을 굽는다.

(왼쪽) 크루아상의 이탈리아 버전 「코르네토」. 일반적으로 크림을 넣는 등 달콤하게 먹는다. (오른쪽) 다양한 종류의 포카치아가 진열된 밀라노 빵집.

시금치와 파프리카 코르네토풍 파니니

1 크루아상에 비스듬히 칼집을 내고(p.42 참조), 오븐 토스터에 데운다(p.42 참조).
2 빵 안쪽에 올리브오일을 두르고, 페코리노치즈(양젖 치즈)를 슬라이스해서 올린다.
3 시금치 갈릭소테(p.149 참조)를 넣고, 발사믹식초를 뿌린다.
4 파프리카 마리네이드(p.146 참조)를 넣는다.

모타델라와 바질 포카치아풍 파니니

1 식빵 2장(두께 1.5㎝)을 꾹꾹 눌러, 그릴팬(또는 프라이팬)에 구운 자국이 날 때까지 굽는다.
2 양쪽 단면에 올리브오일을 두르고, 모차렐라치즈를 올린다.
3 모타델라(p.136 참조), 바질 잎, 반으로 자른 방울토마토를 넣는다.

생햄과 루콜라 치아바타풍 파니니

1 수평으로 자른 바게트를 꾹꾹 눌러, 그릴팬(또는 프라이팬)에 구운 자국이 날 때까지 굽는다.
2 양쪽 단면에 올리브오일을 두르고, 모차렐라치즈를 올린다.
3 생햄, 루콜라를 순서대로 넣는다.

잉글리시 머핀

햄, 달걀프라이, 토마토, 둥근 속재료를 취향대로

기원·어원

19세기 영국에서
귀족의 하인들이 남은 반죽으로 만든 것에서 시작되었다.

재료

밀가루(강력분), 물, (우유, 버터), 설탕,
콘그릿츠(굵게 빻은 옥수수가루) 또는
듀럼밀 세몰리나(경질밀가루), 소금, 빵효모

19세기 영국에서 티타임 때 즐겼던 머핀은 미국에 전해진 후,
베이킹파우더를 넣어 만드는 퀵브레드로 발전했다(우리가 간식
으로 먹는 바로 그 머핀). 효모로 발효시키는 머핀은 「잉글리시

머핀」이라 따로 불리는데, 미국에서 아침식사용으로 널리 보
급되었다. 그중에서도 포치드에그(수란)를 얹은 에그베네딕트
(p.88 참조)는 뉴욕의 대표적인 브런치다.
일본에서 잉글리시 머핀 하면 파스코(Pasco)라는 브랜드가 가
장 먼저 떠오른다. 1969년 판매를 시작한 이후, 잉글리시 머핀
을 널리 알리는 데 크게 공헌했다.
일반적으로 이 빵은 흰색에 가까운 구운 색을 띤다. 먹기 직전
에 굽는 편이 맛있어서, 더 구울 여지를 남겨 두는 것이다. 게다
가 틀에 넣어 구우므로 식감이 쫄깃하다. 토스트할 때 취향에
따라 이 수분이 날아가도록 전체를 바삭하게 구울지, 쫄깃한 식
감을 남겨서 맛볼지를 정한다.

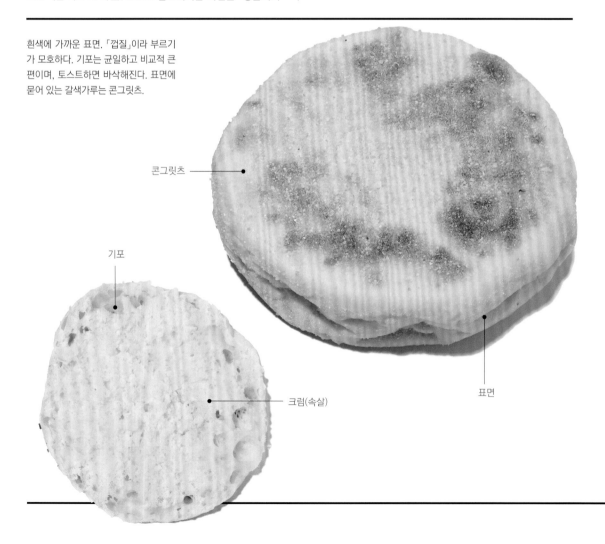

흰색에 가까운 표면. 「껍질」이라 부르기
가 모호하다. 기포는 균일하고 비교적 큰
편이며, 토스트하면 바삭해진다. 표면에
묻어 있는 갈색가루는 콘그릿츠.

콘그릿츠 ——

기포

크럼(속살)

표면

만드는 방법의 특징

둥근 틀에 굽거나
틀을 사용하지 않거나

잉글리시 머핀은 둥근 형태가 특징이다. 「세르클(p.91 참조)」이라는 둥근 틀에 반죽을 넣으면 낮은 원기둥모양으로 완성된다. 두께는 다양하다. 가장 접할 기회가 많은 파스코의 잉글리시 머핀은 얇은 편이다. 빵집에서 파는 잉글리시 머핀 중에는 제법 두툼한 것도 있는데, 쫄깃하고 포만감이 있다. 양쪽면에 뿌려져 있는 것은 콘그릿츠다. 이것 때문에 토스트했을 때 고소한 향이 난다. 반죽의 특징은 수분이 많다는 점. 이것이 잉글리시 머핀이 쫄깃하고 입안에서 잘 녹는 이유다.

둥글게 성형한다
1개 분량으로 분할한 반죽을 둥글게 뭉친다. 사진은 옥수수 알갱이가 들어간 타입이다.

콘그릿츠를 묻힌다
둥글게 뭉친 반죽에 콘그릿츠를 묻힌다. 아주 듬뿍 묻힌다.

오븐팬을 덮는다
최종발효를 마친 반죽. 오븐팬을 덮기 때문에 윗면이 평평하다.

굽기 완료
굽기가 끝난 반죽. 세르클을 사용하지 않는 타입이라 모양이 고르지 않다.

자르는 방법

자른 면이 거칠어
독특한 식감이

위아래로 반 나눈다. 이때 칼을 사용하지 않고 포크를 찔러넣는다. 이렇게 하면 단면이 고르지 않아, 구웠을 때 더욱 바삭해진다.

1 포크로 절단선을 만든다
빵 옆면에 포크를 찔러 넣고 빼기를 반복하며 1바퀴 돌려, 수를 놓듯 수평으로 이어지는 구멍을 만든다.

2 가장자리부터 손으로 찢어 벌린다
양손으로 천천히 벌리면 실패할 일이 적다.

굽는 방법
흰색, 연갈색, 진갈색이 어우러지도록

속재료를 넣지 않고 버터 토스트를 만들 때 굽는 방법. 바삭한 식감을 살린다. 미디엄 ~웰던(p.59 참조)으로 충분히 굽는 것을 추천한다.

1 2분 예열한 오븐토스터에 1분 30초 굽는다
원하는 구운 색을 띠는지 주의하여 지켜본다.

2 빵을 꺼내고 버터를 듬뿍 바른다
버터를 러프하게 바르면, 그을린 부분과 그렇지 않은 부분의 그러데이션이 생겨난다.

3 다시 오븐토스터에 30초 정도 둔다
오븐토스터에 남은 열기로 버터를 녹인다.

4 굽기 완료
흰 부분과 그을린 갈색 부분이 섞여 있어 맛있다.

먹는 방법 ❶
둥글거나 네모난 식재료를 올려 본다

샌드위치의 기본 속재료는 잉글리시 머핀 크기(지름 약 9㎝)에 딱 맞는 경우가 많다. 신선한 채소를 넣고 싶다면 잎채소(p.143 참조), 새싹채소(p.143 참조), 시금치 버터소테(p.149 참조) 등을 추가해 보자.

달걀프라이
p.134 「플레이버오일」로 달걀프라이를 만들어도 좋다. 파프리카나 양파를 링썰기하고, 그중 가장 큰 부분(지름 9㎝ 이하)을 이용하여 달걀프라이를 하는 방법도 있다.

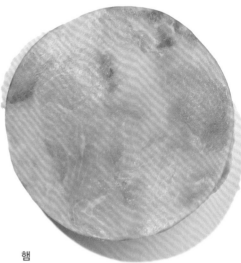

햄
햄 중에서도 로스햄의 크기가 적당하다. 적은 양의 식물성기름에 햄을 따로 굽거나, 버터 또는 플레이버 버터(p.157 참조)를 바른 후 햄을 올려 오븐토스터에 함께 구워도 좋다.

치즈
일반적인 슬라이스치즈는 가로세로 8.5㎝ 크기의 사각
형이다. 슬라이스치즈 1장을 올려 오븐토스터에 치즈가
녹을 때까지 구운 후, 원하는 향신료(믹스페퍼, 커민, 너트
맥 등)를 뿌려도 맛있다.

베이컨
그냥 구운 베이컨도 맛있지만, 메이플시럽이나 꿀을 뿌
린 달콤 짭짤한 베이컨(p.137 참조)도 추천한다.

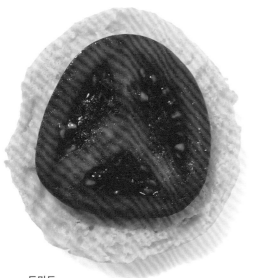

토마토
큰 토마토가 적당하다. 토마토는 프라이팬 등에 굽는 편
이 단맛도 나고, 잉글리시 머핀에 잘 어울린다.

양파
바삭하게 구운 잉글리시 머핀에 버터를 바르고, 양파 스
테이크(p.145 참조)를 올린다. 말린 허브를 뿌리거나 달
걀프라이, 치즈를 올려도 맛있다.

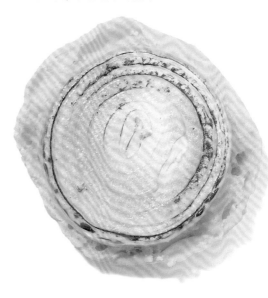

먹는 방법 ❷

본고장의 정통 스타일 & 현재 유행하는 스타일을 맛본다

에그 베네딕트

잉글리피 머핀을 이용한 대표적인 요리.
온천달걀은 전자레인지로 만든다. 베이컨 대신 훈제연어를 사용해도 좋다.

재료(1개 분량)
베이컨 1장
온천달걀(p.134 참조) 1개
잎채소(취향에 따라/p.143 참조) 1장
올랑데즈소스
　달걀노른자 1작은술
　녹인 버터 20g
　레몬즙 1/2작은술(조금 적게)
후추 조금
버터(상온에 둔) 5g
잉글리시 머핀 1개

＊ 올랑데즈소스에 버터가 들어 있
어 겨울철에는 특히 굳기 쉽다.
만들면 바로 사용한다.

만드는 방법
1　온천달걀(p.134 참조)을 만든다.
2　베이컨은 반으로 자르고, 전자레인지로 바삭
하게 굽는다(p.137 참조).
3　올랑데즈소스를 만든다. 작은 볼에 달걀노른
자와 레몬즙을 넣고, 작은 거품기로 잘 섞는다
(큰 거품기를 사용해도 좋다).
4　3의 볼 아랫면을 중탕하면서 소스가 걸쭉해질
때까지 계속 섞어준다.
5　4를 중탕하던 냄비에서 꺼내고, 여기에 녹인
버터를 조금씩 넣으면서 잘 섞는다.
6　빵을 수평으로 잘라 단면이 위를 향하게 놓고,
오븐토스터에 가장자리가 바삭해질 때까지 굽
는다.
7　6의 양쪽 단면에 버터를 바르고, 아래쪽 빵에
2, 1을 순서대로 올리고 **5**와 후추를 뿌린 다
음 위쪽 빵을 덮는다. 잎채소를 곁들인다.

잉글리시 머핀 멜츠

잉글리시 머핀을 이용한, 영국의 전통적인 먹는 방법이다.
치즈 토스트에 우스터소스를 뿌린 영국인다운 레시피.

재료(2개 분량)
베이컨 1장
영국풍 달걀샐러드
　완숙달걀(p.134 참조) 2개
　마요네즈 30g
　디종머스터드 1/4작은술
　우스터소스(가능하면 영국제품)
　　1/8작은술
　갈릭(파우더 / 가능하면) 1꼬집
　후추 조금
레드체다치즈(없으면 슈레드치즈)
　20g
물냉이(p.143 참조) 적당량
버터(상온에 둔) 5g
잉글리시 머핀 1개

만드는 방법
1　영국풍 달걀샐러드를 만든다. 달걀을 완숙으
로 삶고(p.134 참조) 식힌 후 굵게 다진다.
2　작은 볼에 나머지 재료를 넣고 잘 섞는다.
3　2에 1을 넣고 잘 버무린다.
4　베이컨은 가로세로 1㎝로 깍둑썰기하고, 전자
레인지로 바삭하게 굽는다(p.137 참조).
5　빵은 수평으로 잘라서, 양쪽 단면에 버터를 바
른다.
6　5 위에 3의 1/2분량을 올리고, 균일한 두께로
펴 바른다.
7　6 위에 치즈 10g을 올리고, 치즈가 녹아 구운
색이 들 때까지 오븐토스터에 굽는다.
8　7 위에 4를 뿌리고, 물냉이를 곁들인다.

전 세계 어디서나 볼 수 있는, 잉글리시 머핀을 이용한 인기 메뉴를 소개한다. 에그 베네딕트는 뉴욕, 멜츠는 영국, 당근 후무스는 미국 서해안을 연상시킨다. 잉글리시 머핀으로 만든 피자 토스트도 해외에서 인기다.

어울리는 술 │ 맥주, 화이트와인

당근 후무스 & 판체타

빵을 찍어 먹는 딥소스로 잘 알려진 병아리콩 페이스트 「후무스」.
당근 후무스는 색감도 좋아서 세련된 요리를 연출할 수 있다.

재료(1개 분량)

판체타 1장(10g)
당근 후무스(만들기 쉬운 분량)
│ 당근 70g
│ 병아리콩(물로 삶은) 120g
│ 마늘 1/2쪽(2.5g)
│ 레몬즙 1큰술+1/2작은술
│ 올리브오일 1+1/2큰술
│ 참깨 페이스트(흰깨) 2큰술
│ 소금 1/4작은술
새싹채소(머스터드나 물냉이 등 취향
　에 따라/p.143 참조) 적당량
레몬즙 적당량
커민(파우더) 조금
버터(상온에 둔) 5g
잉글리시 머핀 1개

만드는 방법

1　당근 후무스(p.150 참조)를 만든다.
2　판체타는 반으로 자르고, 전자레인지로 바삭하게 만든다(p.137 참조).
3　빵은 수평으로 잘라 단면이 위를 향하게 놓고, 오븐토스터에 가장자리가 바삭해질 때까지 굽는다.
4　3의 양쪽 단면에 버터를 바르고, 아래쪽 빵에 1을 균일한 두께로 펴 바른 다음 커민을 뿌린다.
5　4 위에 2, 새싹채소를 순서대로 올리고, 레몬즙을 뿌린 다음 위쪽 빵을 덮는다.

어울리는 술 │ 맥주, 화이트와인

잉글리시 머핀 피자 2종

잉글리시 머핀의 둥근 형태는 미니피자의 도우로도 크게 활약한다.
토마토소스를 사용하지 않는 피자 2가지를 소개한다.

재료(2개 분량)

피자 A
│ 모차렐라치즈 1/4개(25g)
│ 홈메이드 세미드라이 토마토
│ 　(p.144 참조) 6개
│ 제노베제(p.154 참조)
│ 　1큰술+1작은술
│ 올리브오일 조금
피자 B
│ 크림치즈 20g
│ 슈레드치즈 10g
│ 양송이버섯 1개 반
│ 적양파(두께 3mm) 3장
│ 바질(생/잎) 1장
│ 올리브오일 조금
│ 후추 조금
잉글리시 머핀 1개

만드는 방법

1　빵을 수평으로 자른다.
2　(피자 A)1의 한쪽 빵 단면에 제노베제를 바르고, 얇게 자른 모차렐라치즈를 나란히 올린다.
3　(피자 B)1의 다른 쪽 빵 단면에 크림치즈를 바르고, 두께 5mm로 썬 양송이버섯, 양파를 올린 다음 치즈를 뿌린다.
4　2, 3을 오븐토스터에 넣어, 치즈가 녹아 구운 색이 들 때까지 굽는다.
5　피자 A 위에 세미드라이 토마토를 올리고 올리브오일을 두른다.
6　피자 B 위에 올리브오일을 두르고 후추를 뿌린 다음, 바질을 장식한다.

＊　피자 B의 바질은 먹기 직전에 손으로 찢어 피자 위에 뿌린다.

현장특파원 소식 ❼

토스트라면 바삭바삭 & 쫄깃쫄깃, 중독적인 식감이 진리!
효모로 만드는 팬케이크, 크럼펫

헬로, 에브리바디! 영국특파원을 맡은 제임스 샌드위치입니다. 이름으로도 아셨겠지만, 소생은 샌드위치를 발명했다고 알려진 그 샌드위치 백작의 후손입니다.

일본에서는 우리나라 식빵을 「영국빵」이라 부르며 평소에 즐겨 먹는다고 들었는데, 그것 참 영광입니다. 잉글리시 머핀도 슈퍼마켓에서 파는 모양인데, 심지어 크럼펫이나 크럼펫 믹스까지 판다는 이야기를 들으니 귀국의 다채로운 식문화에 놀라움을 금치 못하겠군요. 귀국에서 출간한 빵 교본 『빵 – 취급설명서』에서 식빵과 잉글리시 머핀을 자세히 소개하고 있는 것 같으니, 소생은 크럼펫을 소개하겠습니다. 뭐, 소생이 워낙 좋아하는 빵이기도 하니까요.

크럼펫은 그리들을 이용해 굽는 빵이라는 점에서, 잉글리시 머핀과 비슷한 계열로 볼 수 있습니다. 크럼펫의 탄생에 대해서는 여러 설이 있는데, 원래는 크레이프처럼 얇게 구운 빵이 시초였던 모양입니다. 크레이프는 이웃나라 프랑스의 브르타뉴 지방에서 탄생했는데, 영국 본토와 브르타뉴 지방은 지리적으로도 가까워 프랑스어로 영국 본토를 「그랑 브르타뉴」라고도 합니다. 초기 크럼펫에는 메밀가루를 사용했다는 설도 있는 걸 보면 크레이프, 갈레트, 크럼펫은 같은 뿌리를 가졌는지도 모르겠습니다. 그 후 크럼펫은 효모가 들어간, 찻잔받침 크기의 얇은 팬케이크가 되었고, 반죽에 베이킹소다를 넣기도 하면서 20세기 초, 링모양 틀을 이용해 두껍게 굽는 방식이 되었습니다. 그렇게 오늘날에 이르렀다는 게 견해입니다.

크럼펫에는 있고 잉글리시 머핀에 없는 건, 한쪽면을 뒤덮은 작은 구멍과 쫄깃한 식감일 겁니다. 이 구멍은 빵효모(이스트)와 베이킹파우더(또는 베이킹소다)를 함께 사용하기 때문에 생긴다고 합니다. 팬케이크처럼 묽은 반죽을 링모양 틀에 붓고 구우면, 팬케이크를 구울 때처럼 작은 기포가 송송 올라와 그대로 구멍으로 남습니다. 이 구멍은 녹은 버터나 시럽을 빨아들이는 마법의 구멍입니다. 크럼펫의 쫄깃한 식감과 어우러지면 정말 맛있답니다. 아! 침이 절로 나오는군요.

그럼 크럼펫 믹스를 이용한 크럼펫부터 만들어 보는 건 어떨까요. 렛츠 트라이!

런던에서 점차 줄어들고 있는 평범한 빵집. 상단에 식빵, 로프 등 식사용 빵이 진열되어 있다.

영국의 크럼펫. 영국인은 주로 1팩에 6개가 든 대형업체 제품을 슈퍼마켓에서 산다.

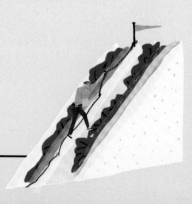

믹스로
크럼펫 만들기 도전!

크럼펫 믹스가루를 사용

1 40℃로 데운 우유 300㎖에 믹스가루를 넣고, 공기가 들어가도록 거품기로 섞는다.

2 표면에 작은 기포가 올라올 때까지, 전자레인지에 가열하거나 그대로 둔다.

3 뜨겁게 달군 철판이나 프라이팬 위에 버터를 바르고, 반죽을 떨어뜨린다. 세르클이 있으면 사용한다.

4 표면에 무수히 많은 구멍이 생기고, 반죽이 건조해진 느낌이 들면 세르클을 벗긴다.

5 세르클을 벗긴 다음 바로 뒤집고, 구멍이 있는 면도 구운 색이 들도록 굽는다.

크럼펫을 구웠으면, 식기 전에 먹습니다. 우리 영국에서는 주로 버터와 골든시럽을 뿌려 먹어요. 골든시럽은 조당을 정제하는 과정에서 생기는 부산물로, 백설탕 성분이 제거되지만 단맛은 충분히 남아 있습니다. 꿀과 비슷해 보이지만 맛은 엿과 비슷한 것 같네요.

속재료는 크럼펫에 올리는 순서대로 나열. 버터를 올리지 않는 경우에는,

먼저 버터를 얇게 바르고 속재료를 올린다.

 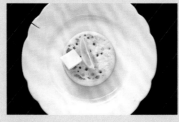 

기본 조합
버터 + 골든시럽

디저트계열 대표
버터 + 그래뉴당 + 레몬즙

식사계열 대표
온천달걀(p.134 참조) + 바삭바삭 베이컨
(p.137 참조) + 새싹채소(p.143 참조)

┌─────────────┐
│ 그 밖의 추천 조합 │
└─────────────┘
아몬드버터(p.152 참조) + 잼
버터 + 메이플시럽 + 다진 호두
마롱크림 + 얇게 자른 콩테치즈
버터 + 사과와 메이플시럽 프리저브(p.151 참조)
명란사워크림(p.141 참조) + 훈제연어

호밀빵

촉촉하며, 오래 보관할 수 있고, 영양도 만점

기원·어원

호밀은 원래 밀 사이에 섞여 있던 잡초.
호밀을 주목적으로 재배하기 시작한 것은
로마제국시대인 2세기부터.

재료

호밀, 물, (밀가루), 호밀 사워종, 소금

독일, 오스트리아, 스위스, 북유럽, 동유럽, 러시아 등 추운 지역에서 주로 먹는다. 호밀이 추위에 강하고, 밀이 자라기 힘든 지역에서도 재배할 수 있기 때문이다.

호밀의 특징은, 반죽을 연결하여 부풀리는 역할을 하는 글루텐이 잘 형성되지 않는다는 점이다. 이 문제를 해결해주는 것이 호밀 사워종이다. 호밀빵이 「시큼하게」 느껴지는 것은 산성이기 때문이다. 호밀 사워종 속 유산균이나 아세트산균이 만들어내는 산이, 효소 작용을 방해하여 반죽이 질척해지지 않도록 도와준다.

호밀빵은 의외로 속이 촉촉하다. 호밀에 수분을 유지하는 특징이 있기 때문이다. 그래서 수분이 잘 날아가지 않아 오래 보관할 수 있다는 것도 호밀빵의 장점이다. 곰팡이가 생기지 않도록 어둡고 서늘한 곳에 보관하면 1주일 정도 먹을 수 있다(여름철에는 냉장 보관). 흰 밀가루에 비해 호밀은 식이섬유가 풍부해서, 혈당치가 서서히 올라가 건강에 좋기도 하다. 미네랄 성분이 많고, 비타민 B군과 철분도 풍부하다. 철분이 많은 간이나 등푸른생선과 잘 어울리는 것도 이 때문이다.

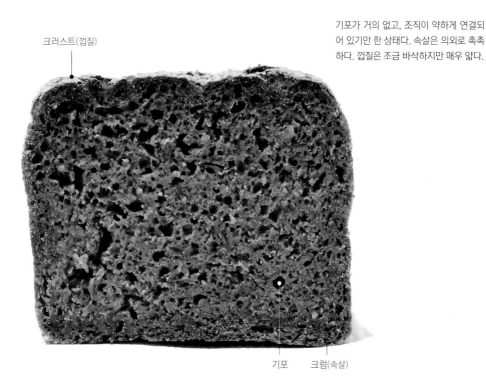

크러스트(껍질)

기포가 거의 없고, 조직이 약하게 연결되어 있기만 한 상태다. 속살은 의외로 촉촉하다. 껍질은 조금 바삭하지만 매우 얇다.

기포　크럼(속살)

만드는 방법의 특징

호밀 사워종이 만들어내는 은은한 산미

호밀빵은 빵효모(이스트)를 넣는 경우가 드물고, 대신 호밀 사워종을 넣어 만든다. 사워종은 곡물로 만든 발효종으로, 특히 호밀을 이용한 사워종을 「호밀 사워종」이라 한다. 만드는 방법은 밀로 만드는 르뱅종(p.29 참조)과 거의 동일하다. 호밀 사워종은 효모, 유산균, 아세트산균 등 미생물이 사는 곳이다. 아세트산균이 많으면 톡 쏘는 신맛이, 유산균이 많으면 부드러운 신맛이 된다. 특히 발효가 잘되면 과일과 비슷한 향이 난다고도 한다.

또 호밀 사워종뿐 아니라 물에 불린 납작보리, 남은 호밀빵, 탕종(p.125 참조), 요구르트 등도 발효종으로 쓰인다.

호밀빵 만들기에 사용하는 발효종
오른쪽이 호밀 사워종. 아로마슈튀크(가운데)와 레스트브로트(왼쪽)는 각각 납작보리, 남은 호밀빵을 물에 몇 시간~1일 동안 불린 것이다.

원료 호밀가루
흰 밀가루와는 달리 회색빛을 띤다. 호밀가루는 대개 외피까지 빻아 넣어 전립분으로 만든다.

독일식으로 둥글게 눌러 반죽하기
반죽을 작업대에 가볍게 누르고 90° 돌리는 작업을 반복하여 둥글게 뭉친다. 이 작업으로 공기를 빼내고, 작업대에 닿는 면을 매끄럽게 만든다.

바구니(틀)에 담기
둥근 반죽을 이음매가 위로, 매끄러운 면이 아래로 향하게 바구니(틀)에 넣는다. 구울 때 바구니를 뒤집어 반죽을 꺼내기 때문에, 반죽에 바구니 자국이 남는다.

응용 **❶**

호밀빵의 특징은 배합률로 정해진다

「● 두께」는 맛있게 먹을 수 있는 두께가 기준.

가벼움

호밀 30%
바이첸미슈브로트
씹는 맛과 곡물의 진한 맛을 충분히
느낄 수 있다. 프랑스식 빵집에서는 건
과일과 견과류를 섞은 팽 오 세이글로
판매한다.
● 두께 : 1~1.2㎝

중간

호밀 50%
미슈브로트
밀의 특징과 호밀의 특징을 모두 가진
타입. 기포도 형성되어, 어느 정도 폭신
한 식감과 함께 호밀의 풍미 또한 충분
히 맛볼 수 있다.
● 두께 : 1㎝보다 얇게

묵직함

호밀 80%
로겐미슈브로트
호밀의 풍미가 진하다. 란트브로트(시
골빵) 등도 이 타입에 해당한다. 맛이 진
한 고기 요리에 곁들여도 존재감을 충
분히 드러내며, 사워종의 신맛이 맛을
중화시킨다. 누르듯이 잘라야 자르기
편하다.
● 두께 : 1㎝보다 얇게

독일이든 프랑스든 배합하는 호밀의 비율에 따라 호밀빵 이름도 달라진다(아래 참조). 호밀의 양이 많아질수록 맛이 진해지고 식감은 묵직해진다. 모양은 달걀모양, 공모양, 틀에 넣고 구운 사각형이다.

호밀빵은 먹기 힘들다는 이미지가 있지만, 얇게 자르면 의외로 먹기 편하다. 호밀 배합률이 높을수록 얇게 잘라야 한다. 또 호밀 배합률이 70%를 넘는 빵은 자를 때 평소처럼 칼을 앞뒤로 움직이기보다, 위에서 내리누르듯이 잘라야 더 얇고 정확하게 잘린다. 칼은 톱니모양의 날이 있는 빵칼이 적합하다.

호밀빵은 촉촉한 식감을 즐기는 빵이다. 따라서 기본적으로 굽지 않고 그대로 먹지만, 3~4일 지나 빵 상태가 나빠지면 따뜻하게 데워 먹는다. 그러면 풍미가 다시 살아난다.

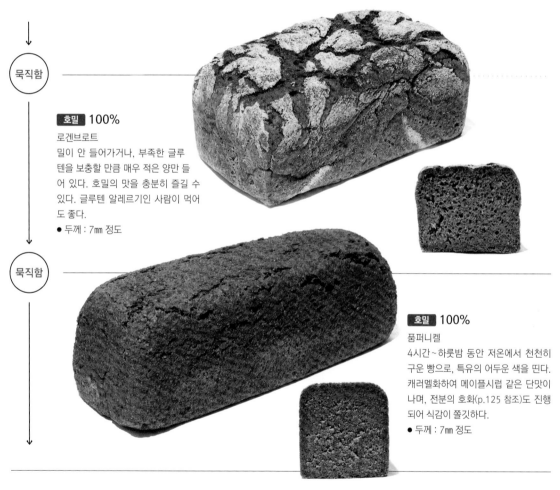

묵직함

호밀 100%

로겐브로트
밀이 안 들어가거나, 부족한 글루텐을 보충할 만큼 매우 적은 양만 들어 있다. 호밀의 맛을 충분히 즐길 수 있다. 글루텐 알레르기인 사람이 먹어도 좋다.
● 두께 : 7mm 정도

묵직함

호밀 100%

품퍼니켈
4시간~하룻밤 동안 저온에서 천천히 구운 빵으로, 특유의 어두운 색을 띤다. 캐러멜화하여 메이플시럽 같은 단맛이 나며, 전분의 호화(p.125 참조)도 진행되어 식감이 쫄깃하다.
● 두께 : 7mm 정도

독일에서 호밀빵을 부르는 이름

호밀 90% 이상	**로겐브로트**
호밀 51~89%	**로겐미슈브로트**
호밀 50%	**미슈브로트**
호밀 49~11%	**바이첸미슈브로트**
호밀 10% 이하	**바이첸브로트**

프랑스에서 호밀빵을 부르는 이름

호밀 65% 이상	**팽 드 세이글**(「호밀빵」이라는 뜻)
호밀 50%	**팽 드 메테유**
호밀 10~64%	**팽 오 세이글**(「호밀 풍미의 빵」이라는 뜻)

응용 ❷

호밀에는 씨앗이 잘 어울린다

호밀을 소비해 온 곳은 추운 북쪽 지방이다. 이곳에서는 작물을 수확하지 못하는 긴 겨울 동안 곡물, 채소의 씨앗 등 보존성이 뛰어난 식재료를 호밀과 함께 먹어 왔다. 게다가 이들 식재료는 마찬가지로 곡물 특유의 풍미와 향을 지닌 호밀빵과 잘 어울렸다. 물론 간페이스트(p.139 참조), 초절임 생선 요리, 소시지(p.136 참조), 사우어크라우트(p.146 참조) 등 독일 요리와도 잘 어울린다.

납작보리
납작보리란 간단히 말해 보리를 납작하게 누른 것이다. 납작보리를 넣으면 곡물 특유의 풍미와 식감이 특징인 빵이 완성된다. 어떤 요리에든 잘 어울리지만, 달걀 요리에 꼭 곁들여 보기를 권한다.

해바라기씨
해바라기씨는 견과류의 일종으로, 잣과 비슷한 깊은 풍미를 빵에 더한다. 신맛이 나는 요리, 샐러드 등에 곁들여 보자.

캐러웨이씨
산뜻한 청량감이 특징인 향신료다. 먼저 크림치즈나 버터를 발라서 먹어 보자. 고기나 생선 요리에도 잘 어울린다.

양귀비씨
단팥빵 위에도 올라가 있는 양귀비씨는 씹는 맛과 고소한 향이 특징이다. 고기 요리에 곁들여 보자.

푸른양귀비씨
독일을 포함한 동유럽 국가에서는 빵이나 과자에 많이 넣는다. 훈제 연어나 생선 초절임 등 생선 요리와 잘 어울린다.

먹는 방법 ❶

반드시 버터나 크림치즈를 바르자

독일인은 호밀빵을 얇게 자른 다음 버터, 크림치즈, 사워크림 등을 꼭 발라 먹는 것 같다(호밀빵을 그대로 씹어 먹는 것은 독일 사람에게도 힘든 일임에 틀림없다!). 잼이나 페이스트를 바르든, 연어나 정어리 등을 올려 먹든, 위 유제품을 먼저 바르는 편이 낫다. 호밀빵과 여러 속재료가 잘 어우러지도록 도와줄 것이다.

가벼운 빵의 기본
두께 1.2~1.5㎝로 슬라이스하고 크림치즈를 바른다.

가벼운 빵에 어울리는 토핑(호밀 30%)

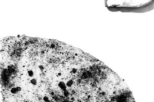

다진 단무지를 사워크림에 버무려 올린다. 사워크림에 술지게미를 섞어도 좋다.

흑설탕을 뿌린다. 아니면 흑당을 뿌려도 좋다.

으깬 카망베르치즈를 올린다. 이를 오븐토스터에 굽거나 케이퍼를 올려도 좋다.

묵직한 빵의 기본
두께 7~8㎜로 슬라이스하고 버터를 바른다. 무염버터를 바르고 소금을 뿌리는 방법도 추천한다.

묵직한 빵에 어울리는 토핑(호밀 80%)

고등어 초절임, 다진 양파, 딜(생/잎/가능하면)을 사워크림에 버무려 올린다.

미소(아와세미소, 쌀미소, 보리미소 등)를 얇게 바른다.

크림치즈와 딸기잼을 올리고, 부순 견과류(가능하면 헤이즐넛)를 뿌린다.

먹는 방법 ❸

호밀빵을 즐기는 독일과 러시아 레시피

호밀 80%

정통 보르시

호밀빵을 먹는 러시아와 동유럽의 대표적인 요리가 바로 「보르시」.
원래는 살로라는 소금에 절인 비계를 써야 하지만, 판체타를 대신 사용했다.

어울리는 술 흑맥주, 레드와인

재료(4인분)

돼지고기 스페어립 300g
판체타 80g
양파 1/2개(125g)
당근 1개(150g)
비트(통조림 또는 물에 삶은) 200g
감자(큰 것) 1개(200g)
양배추 150g
마늘 2쪽(10g)
레몬즙 1/2큰술
딜(생 / 잎 / 다진) 1작은술
물 1ℓ
월계수잎 1장
식물성기름 1큰술
토마토 통조림(가능하면 다이스드)
　100g
소금 1작은술
설탕, 후추 조금씩
사워크림 적당량

만드는 방법

1 냄비에 물, 돼지고기, 월계수잎을 넣고 뚜껑을 덮어 센불에 올린다.

2 1이 끓기 시작하면 거품을 걷어내고, 다시 뚜껑을 덮어 약불에 1시간 조린다.

3 양파는 굵게 다진다. 당근은 껍질을 벗기고, 비트와 함께 채칼로 채썬다. 감자는 껍질을 벗겨 주사위모양으로 자르고, 양배추는 채썬다. 마늘은 마구썰기하고, 판체타는 막대썰기한다.

4 2를 수프와 돼지고기로 분리하여, 수프는 무게를 재어 1ℓ가 되도록 물을 추가한다. 돼지고기는 한입크기로 썬 다음, 둘 다 냄비에 다시 담는다.

5 4의 뚜껑을 덮어 센불에 올리고, 끓으면 3의 감자, 양배추를 넣고 약불로 조린다.

6 프라이팬에 기름과 3의 판체타를 넣고, 판체타에 구운 색이 들 때까지 중불로 볶는다.

7 6에서 판체타를 꺼내고 키친타월 위에 넓게 펼쳐 놓는다.

8 6의 프라이팬을 다시 중불에 올리고, 3의 양파를 넣어 투명해질 때까지 볶는다.

9 8에 3의 당근과 비트를 넣고 가볍게 볶는다.

10 5에 9, 토마토, 레몬즙을 순서대로 넣으면서 가볍게 섞는다.

11 7과 3의 마늘을 푸드프로세서에 돌려 페이스트 상태를 만든다.

12 10에 11, 소금, 설탕, 후추를 넣고 잘 섞는다. 맛을 보고 소금(분량 외)으로 간을 한다.

13 12에 딜을 넣고, 감자가 물러지기 직전에 불을 끈다.

14 그릇에 담고 사워크림을 올린다.

● 　사용한 빵 : 호밀 80%(폭 8㎝×높이 10㎝ 파운드틀 / 두께 1㎝보다 얇게) / 호밀 30%(긴지름 14㎝인 타원형 / 두께 1㎝)

독일과 러시아. 호밀 문화권의 대표 요리를 만들기 쉽고, 빵에 잘 어울리도록 응용해 보았다.
추운 지역인 만큼 수프와 함께 먹는 것이 필수. 또한, 기름진 요리도 호밀과 아주 잘 어울린다.

어울리는 술 ┃ 스파클링와인, 와인(화이트, 로제)

호밀 30%

볼로냐소시지 샐러드

독일의 인기 반찬 볼로냐소시지 샐러드.
들어가는 재료가 지역마다 다른데, 치즈를 넣으면「스위스풍」이라고 한다.

재료(2인분)
볼로냐소시지 100g
훈제치즈 50g
코니숑(또는 달지 않은 피클)
　3개(25g)
적양파 1/4개(50g)
래디시 3개(50g)
드레싱
┃ 이탈리안파슬리(생) 1줄기
┃ 화이트와인 식초 2작은술
┃ 물 1큰술
┃ 소금 1/5작은술
┃ 설탕 1작은술
┃ 식물성기름 2큰술
┃ 후추 조금
이탈리안파슬리(생/잎) 1장

만드는 방법
1 양파는 두께 3mm로 얇게 썰어 얼음물에 담근
　다. 래디시도 두께 3mm로 얇게 썬다.
2 소시지, 치즈, 코니숑은 폭 5mm로 채썬다.
3 드레싱을 만든다. 파슬리(잎만 사용)를 다진다.
4 볼에 식초, 물, 소금, 설탕을 넣고, 소금과 설탕
　이 잘 녹도록 작은 거품기로 휘젓는다.
5 4에 기름을 넣고 잘 섞는다. 여기에 후추, 3을
　넣고 가볍게 섞는다.
6 체에 올려 키친타월로 물기를 닦아낸 1의 양
　파, 래디시, 2를 5에 넣어 잘 버무린다.
7 접시에 담고 파슬리를 곁들인다.

어울리는 술 ┃ 맥주, 화이트와인

호밀 30%

홈메이드 사우어크라우트와 소시지 수프

시간이 지나 감칠맛과 신맛이 더해진 슈크루트로 수프를 끓였다.
생양배추로는 낼 수 없는 진한 맛이 호밀빵과 잘 어울린다.

재료(4인분)
베이컨 50g
프랑크푸르트 소시지 4개
버터 10g
당근 1개(150g)
순무(중간 크기) 1개(125g)
감자(큰 것) 1개(200g)
셀러리(줄기) 1줄기(60~70g)
홈메이드 사우어크라우트
　(만들기 쉬운 분량)
┃ 양배추 1/2통(500g)
┃ 소금 10g(양배추의 2%)
식물성기름 1큰술
물 750㎖
소금 1/4작은술
후추(흑/홀) 15알

만드는 방법
1 홈메이드 사우어크라우트(p.146 참조)를 만든다.
2 베이컨은 폭 1cm로 자르고, 소시지는 포크로
　여러 군데 구멍을 낸다.
3 당근, 순무, 감자는 껍질을 벗겨 한입크기로
　썬다. 셀러리는 심을 제거하고 두께 5mm로 비
　스듬히 얇게 썬다.
4 냄비에 기름을 중불로 가열하고 2의 베이컨,
　3의 셀러리를 넣어 볶는다.
5 4에 3의 당근, 순무를 넣고 볶는다.
6 5에 물을 붓고 뚜껑을 덮은 다음 센불에 올린
　다. 물이 끓으면 거품을 걷어내고, 3의 감자를
　넣는다. 다시 뚜껑을 덮고 약불에 10분 조린다.
7 6에 1을 200g, 2의 소시지, 소금, 으깨어 향
　을 낸 후추를 넣고 중불로 10분 조린다.
8 불을 끄고, 버터를 넣어 가볍게 섞는다.

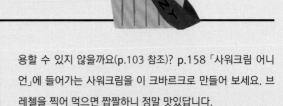

현장특파원 소식 ⑧

프레첼이 아니라 브레첼!
맛있게 먹는 방법을 알아보자

안녕하십니까! 저는 벤야민 사카이라고 합니다. 독일인과 일본인 사이에 태어난 혼혈로, 우리 어머니 고향이 간사이입니다. 제가 일본어도 잘 못하지만, 간사이 사투리가 조금 섞여 있을지 모르니 이해해 주세요!

우리가 브레첼(프레첼 아닙니다. 그건 영어식 발음입니다)을 맥주와 함께 먹는 안주 정도로만 생각해도 괜찮을까요? 브레첼은 가느다란 고리처럼 생겼지만, 의외로 다양한 방법으로 먹을 수 있답니다. 여러분이 도전할 수 있게, 주변에서 쉽게 구할 수 있는 재료로 만드는 방법을 생각해 봤습니다.

브레첼은 라우겐액이라는 고소한 액체에 담갔다가 굽는데, 쉽게 말해 롯데의 톳포(한국의 통크와 비슷한 과자) 바깥부분과 비슷한 풍미입니다. 그 위에 암염 알갱이를 뿌린답니다. 그러면 조합하는 식재료의 맛에 짭잘함이 더해져 뭔가 재미있게 변합니다.

물론 갓 구워 따끈한 브레첼에 버터를 발라 먹는 방법도 간단하고 맛있어요. 오븐토스터에 바삭하게 구운 다음, 빵 사이에 버터를 바르면 버터가 녹으면서 그 맛이 진짜 끝내줍니다. 거기에 치즈를 뿌려도 맛있고요. 평소에 치즈 토스트를 만드는 것과 별반 다르지 않으니까, 여러분도 해낼 수 있지 않겠어요? 독일인은 견과류를 좋아해요. 그러니 치즈와 함께 견과류를 뿌려 먹는 것도 독일식이에요. 우리 집에 어떤 견과류가 있더라…… 그렇지, 검은깨 같은 건 어때요? 둘 다 고소하니 잘 어울리겠지요?

독일인은 브레첼에 크림치즈 같은 걸 찍어 먹지 않아요. 독일인이 자주 먹는 프레시치즈 중에 「크바르크」라고 있는데, 혹시 아시나요? 크림치즈같이 생겼지만, 좀 달라요. 그렇지, 코티지 치즈에 생크림을 섞으면 비슷하게 부드러우니까 그걸 대신 사

독일 빵집 주방에서. 브레첼에 라우겐액(알칼리성 수용액)을 끼얹는 모습.

용할 수 있지 않을까요(p.103 참조)? p.158 「사워크림 어니언」에 들어가는 사워크림을 이 크바르크로 만들어 보세요. 브레첼을 찍어 먹으면 짭잘하니 정말 맛있답니다.

브레첼은 달콤하게 먹을 수도 있어요. 굳이 따지자면 미국 사람이 즐겨 먹는 방식이긴 하지만요. 시나몬슈거 같은 걸 뿌려 보면 어때요? p.159에 나오는 스파이스슈거도 맛있어요. 카다몬이 들어갔으니까 북유럽의 시나몬 롤 같은 맛이 나지 않을까요? 그리고 아몬드 크런치도 있어요. 아몬드를 잘게 잘라서 시럽을 바른 브레첼에 뿌린 건데, 이것도 고소해서 브레첼과 잘 어울려요.

마지막으로 「앙크바」 같은 건 어때요? 앙크바 모르세요? 네? 독일 사람도 모른다고요? 그야, 이건 제가 생각해 낸 거니까요. 독일 사람은 팥앙금(앙)을 좋아하지 않아요. 콩을 달게 먹는 습관이 없거든요. 유럽에서는요. 하지만 우리는 팥앙금을 좋아하잖아요? 팥앙금과 크림치즈를 함께 발라 먹는 사람도 있는데, 그건 좀 느끼하지 않나요? 크바르크는 크림치즈보다 담백해서 팥앙금의 맛을 해치지 않아요. 크바르크로 한번 만들어 보세요.

아참, 그렇지. 깜박했는데 마무리로 암염을 갈아서 뿌리면 정말 맛있어요. 특히 앙크바는요. 버터샌드를 만들 때는, 무염버터를 사용하고 마지막에 암염을 뿌리면 좋아요. 사워크림 어니언도 소금을 넣지 않고 만든 다음 암염을 뿌리면 훨씬 맛있어요.

네? 여기에 어울리는 술이 뭐냐고요? 그야 당연히 맥주지요! 아아, 아까 맥주 안주가 아니라고 하지 않았냐고요? 그랬죠. 그런데 저는 워낙 술꾼이라, 저한테 빵은 전부 맥주 안주거든요(웃음).

다양하게 응용한 토핑

버터샌드

브레첼의 가장 두꺼운 부분에 비스듬히 칼집을 내고, 두께 5㎜로 슬라이스한 무염버터에 암염을 뿌려서 넣는다.

앙크바 (팥앙금 + 크바르크)

브레첼에 홈메이드 크바르크(아래 참조), 팥앙금을 순서대로 바르고, 암염을 뿌린다. 사진에서는 벚꽃 팥앙금을 썼지만, 일반 팥앙금을 써도 좋다.

치즈 + 검은깨

브레첼에 슈레드치즈와 검은깨를 뿌리고, 치즈가 녹을 때까지 오븐토스터에 굽는다.

아몬드 크런치

브레첼에 시럽(아래 참조)을 바르고, 구운 아몬드를 잘게 부수어 그 위에 뿌린다.

사워크림 어니언

p.158 「사워크림 어니언」 레시피에서 사워크림 대신 홈메이드 크바르크(아래 참조)를 사용하고, 소금은 넣지 않는다. 따뜻하게 데운 브레첼에 크바르크를 바르고 암염을 뿌린다.

홈메이드 크바르크 만드는 방법

코티지치즈 75g, 생크림 25g을 부드러워질 때까지 1분 정도 휘젓는다.

시나몬슈거

브레첼에 시럽(아래 참조)을 바르고 그래뉴당, 시나몬(파우더)을 순서대로 뿌린다.

시럽 만드는 방법

설탕과 물을 같은 양(예를 들어 설탕 50g, 물 50㎖) 준비하여 냄비에 넣고 중불에 올린다. 고무주걱으로 휘저으면서, 검시럽처럼 조금 걸쭉해질 때까지 몇 분 동안 졸인다.

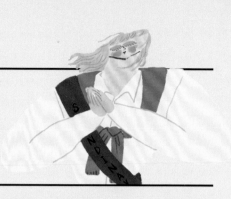

현장특파원 소식 ⑨

바삭바삭 소리를 내며 먹어야 제맛
바이킹도 즐겨 먹었던 크리스프브레드, 크네케

헤이! 북유럽 대표로 나온 스웨덴 특파원 안나 설명손입니다! 우리가 사는 스칸디나비아반도가 북쪽에 있다는 사실, 알고 있나요? 일본의 삿포로는 북위 43°인 데 반해, 스웨덴의 수도 스톡홀름의 위도는 그보다 훨씬 북쪽인 59°입니다. 그래서 밀이 자라기 어렵고, 대신 추위에 강한 호밀로 만든 빵을 먹어 왔습니다. 호밀은 성분이 밀과 비슷하고 단백질 함량도 비슷하지만, 호밀 속 단백질은 글루텐을 만들지 못합니다. 그래서 촘촘한 빵이 구워지지 않지요(p.92 참조). 여러 나라에서 호밀로 만든 빵을 먹고 있지만, 크래커처럼 얇은 「크네케」가 가장 북유럽다운 빵이라고 생각합니다. 중세 유럽인을 공포에 떨게 했던 우리 선조, 바이킹도 이 크네케를 보존식으로 배에 쌓아 두었다고 해요. 크네케는 덴마크, 노르웨이, 핀란드, 아이슬란드에도 있는데, 나라마다 불리는 이름이 다릅니다. 「크네케」라고 쓴 것은 스웨덴에서 「크네케브뢰트(Knäckebröd)」라고 부르기 때문이에요. 네? 일본에서도 「크네케」라고 한다고요? 놀랍네요! IKEA 덕분이려나. 「크네케」는 「바삭」 하는 소리를 표현한 말이 어원이에요. 안 그래도 바삭바삭 소리를 내며 먹는 게 제맛입니다. 전통적인 크네케는 지름 약 30㎝인 LP판 정도 크기로, 한가운데에 막대가 통과하는 구멍이 있어요. 그리고 표면에 올록볼록한 부분이 무수히 많습니다. 한가운데 난 구멍에 막대를 통과시켜 수십 장을 겹쳐 놓고, 쥐가 훔쳐먹지 않도록 천장 가까이에 매달아 보관했다고 해요. 이렇게 하면 반년은 보관할 수 있었다고 합니다. 참 대단하죠? 옛날에는 호밀가루, 소금, 물만 사용해서 만들었고, 빵효모(이스트)는 사용하지 않았다고 해요. 반죽에 부순 얼음을 섞고 바로 구우면, 얼음이 증발하면서 기포가 형성되었다고 합니다. 지금은 빵효모를 넣어 기포를 발생시키는 방법이 일반적이고, 호밀뿐 아니라 밀가루도 섞어서 만드는 경우가 많아요. 우리나라에서는 씨앗을 섞은 것이나 향신료를 넣은 것, 둥근 모양이나 직사각형 모양 등 다양한 형태와 맛의 크네케가 팔리고 있습니다. 주원료인 호밀은 미네랄과 식이섬유가 풍부한 데다, 얇고 열량도 낮아서 건강을 중시하는 전 세계 사람에게 인기를 끌고 있는 모양이에요. 일본은 어떤가요? 흐음, IKEA도 집 근처에 없어서(이케아 재팬은 식품을 유통하지 않고 있다) 구하기 힘들다고요? 그럼 저와 함께 만들어 보실래요? 오늘은 해바라기씨와 검은깨를 사용했지만 다른 견과류, 씨앗 향신료 등도 맘껏 넣어 보세요!

스웨덴 호텔에서 아침식사로 받은, 전형적인 모양의 크네케. 케이크 접시 정도 크기다.

스칸디나비아의 전통 식문화를 소개하는 책에 실린 사진. 크네케도 이처럼 천장에 매달아 보관했다.

이스트를 사용하지 않는 간단 크네케

재료(밑변 9㎝, 빗변 10㎝인 이등변삼각형 약 14장 분량)

호밀가루(굵게 빻은) 75g
박력분 75g
해바라기씨(구운/무염) 3큰술
검은깨 2큰술

소금 3/4작은술
올리브오일 1큰술 + 2작은술
찬물 3큰술

* 해바라기씨 대신 같은 양의 호박씨, 오트밀, 다진 견과류를 사용해도 좋다.
* 검은깨는 펜넬, 커민, 캐러웨이(모두 씨), 시나몬, 카다몬(모두 파우더) 1작은술로 대체해도 좋다.

1 볼에 호밀가루, 박력분, 해바라기씨, 검은깨, 소금을 넣고 손으로 잘 섞는다.

2 1에 올리브오일을 넣고, 손으로 보슬보슬해질 때까지 섞는다.

3 2에 물을 더하여 섞고 한 덩어리로 뭉친다.

6 한 김 식으면 칼집을 따라 나누고, 식힘망 위에서 식힌다.
* 건조제를 넣은 밀폐용기에 담아, 어둡고 서늘한 곳에 두면 2주 동안 보관할 수 있다.

4 오븐시트 2장 사이에 3을 놓고, 밀대로 밀어 되도록 얇은 직사각형으로 만든다. 위에 덮었던 오븐시트를 떼어낸다.

5 반죽에 삼각형의 칼집을 내고, 밑에 오븐시트를 깐 채로 오븐팬에 올린 다음 220℃로 예열한 오븐에 15~20분 굽는다.

크네케를 만들었다면 먼저 도전해 보았으면 하는 방법이 있어요. 크네케에 빈틈이 보이지 않을 만큼 버터를 듬뿍 바르고, 세미하드 타입의 치즈를 슬라이서로 얇게 깎아 올리는 겁니다. 이렇게 먹어 보지 않고서는 크네케를 논할 수 없어요(웃음). 그담부터는 마음대로 응용해 보세요! 『빵 – 취급설명서』에 실려 있는 「호밀빵」이나 「캉파뉴」 먹는 방법을 크네케에 응용할 수도 있어요. 제가 좋아하는 방법도 메모해 둘게요.

고등어 통조림 딜마요네즈 무침 + 완숙달걀 + 오이

1 크네케에 버터를 바르고, 고등어 통조림 딜마요네즈 무침(p.142 참조)을 넓게 올린 다음 레몬즙을 뿌린다.

2 1 위에 슬라이스한 완숙달걀(p.134 참조), 오이를 올리고 소금, 딜(말린)을 뿌린다.

햄 + 치즈 + 허니머스터드

1 크네케에 버터를 바르고, 적당한 크기로 썬 본레스햄, 간 치즈를 적당량 올린다.

2 1 위에 허니머스터드(p.154 참조)를 뿌리고, 파슬리를 장식한다.

베이글

고리 사이에 무엇을 끼울까?

기원·어원

중세 폴란드에서 유대인이 먹은 옵바르자넥(데친 빵)이
그 기원이라는 설이 있다.

재료

밀가루(강력분), 물, 설탕, 소금, 빵효모, (몰트, 꿀)

베이글의 유래는 수수께끼에 싸여 있으며, 여러 가설이 존재하
지만 중세 동유럽 유대인들이 먹던 빵에서 탄생한 것 같다. 박
해를 피하여 미국으로 건너온 유대인들이 뉴욕에 전파했다는
것이다. 유대인들이 배를 타고 건너와 그대로 정착한 로어이스

트사이드 지역에는 지금도 오랜 전통을 자랑하는 베이글 가게
가 있다. 그 당시 저렴했던 연어를 크림치즈, 토마토와 함께 끼
워 먹던 방법이 일반적이 되었다.
뉴욕 베이글의 경우, 물에 데쳤기 때문에 발효가 멈추어서 속살
이 촘촘하고 식감이 뻑뻑하지만, 의외로 씹는 맛이 좋으며 입안
에서 밀가루 덩어리가 부드럽게 녹는다. 그래서 입안에서 비슷
하게 녹는 크림치즈와 잘 어울린다. 일본의 경우 일본산 밀로
만든 쫄깃한 베이글이 독자적으로 발달했다. 초콜릿이나 건과
일을 반죽에 넣어, 식사용이나 샌드위치용으로 만들지 않고 베
이글 그대로 먹는 경우가 많다. 베이글의 부재료는 설탕뿐이다.
식품 규제가 많은 유대인의 음식답게 비건(완전채식주의자)에게
환영받는 빵이기도 하다.

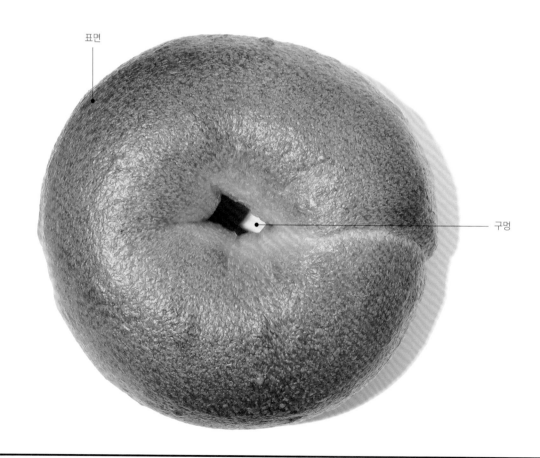

표면

구멍

만드는 방법의 특징

끓는 물에 데쳐야 쫄깃하고 바삭함이 생긴다

정통 뉴욕 베이글은 핸드롤(기계를 쓰지 않고 손으로 마는 것)/데치기(오븐 스팀이 아니라 냄비에 넣어 데친다)/몰트 사용(데칠 때 뜨거운 물에 넣는다)이 기본이다. 반죽을 성형하는 「롤러」, 성형이 끝난 반죽을 데치는 「케틀맨」, 데친 반죽을 오븐에 굽는 「베이커」가 한 팀이 되어 만든다(물론 혼자서 만드는 경우도 있다. 가게마다 역할 분담이 다양하다). 베이글의 가장 큰 특징은 반죽을 데친다는 점이다. 그 효과는 전분을 호화(p.125 참조)시키는 탕종과 비슷하다. 속살은 쫄깃하고, 껍질은 바삭하며, 표면은 윤기가 난다.

베이글 모양

현재 베이글을 성형하는 방법에는 2가지가 있다. 대부분이 일반적으로 링모양(오른쪽)이고, 또 하나는 재료를 사이에 넣기 쉽도록 개량한 소용돌이모양(왼쪽)이다.

링모양 성형방법

반죽을 막대모양으로 성형하고, 막대 한쪽 끝을 눌러 납작하게 만든다. 납작해진 반죽으로 반대편 끝의 반죽을 감싸 링모양으로 만들고, 이음매를 조심스럽게 눌러 이어붙인다.

소용돌이모양 성형방법

막대모양으로 성형한 반죽을 달팽이처럼 둥글게 말고, 끝부분을 본체에 이어붙인다. 반죽을 결합하는 작업이 링모양보다 간단하다.

베이글을 데친다

데치는 과정(케틀링)에서 베이글의 독특한 식감이 생겨난다. 끓인 물에 당분(몰트 시럽이나 설탕 등)을 넣으면 반죽에 윤기가 난다. 한쪽면마다 30초씩 데친다.

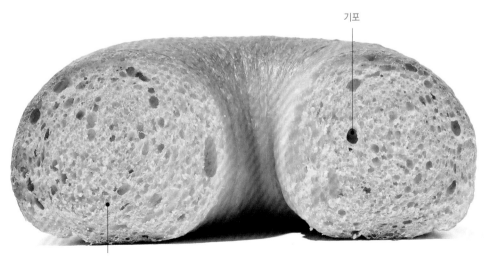

기포

크럼(속살)

사진은 링모양 베이글이다. 반죽을 데쳐서 표면이 매끄럽고 윤기가 난다. 표면에 탄력이 있지만 속살이 촘촘해서 의외로 씹는 맛이 좋다.

자르는 방법

수평으로 자르면
먹기 좋은 형태가 된다

베이글을 자르는 방법은 대개 하나뿐인데, 지면과 수평으로 2분할하는 방법이 일반적이다. 이렇게 자른 다음 크림치즈를 발라서 겹치거나, 겹치지 않고 한쪽만 먹기도 한다. 여기서 다시 세로로 반 자르면, 둘이서 나누어 먹거나 2번에 나누어 먹을 수 있다. 냉동할 때도 미리 수평으로 슬라이스해 놓으면 오븐토스터에 그대로 구울 수 있다.

1 세워서 칼날을 넣는다
베이글을 세우고, 한가운데에 칼날을 1/3 정도 지점까지 넣는다.

2 방향을 바꾸어 수평으로 자른다
칼날을 넣은 채로 베이글을 도마 위에 올리고, 지면과 수평이 되게 잘라 나간다.

본고장의 먹는 방법

먹는 사람 수만큼이나
다양한 베이글 샌드위치가

뉴요커는 베이글을 대부분 샌드위치로 먹는다. 어떤 식으로 주문해야 하는지, 한 베이글 가게를 예로 설명하겠다. 먼저 베이글 종류를 고른다. 플레인, 참깨, 양파, 품퍼니켈(p.95 참조) 등 흔히 볼 수 있는 것이지만, 그렇지 않은 종류 약 10가지 중에서 선택한다. 그 다음은 스프레드다. 크림치즈뿐 아니라 월넛 레이즌, 드라이토마토, 바질, 딜 등 20가지가 넘는다. 여기에 연어, 햄, 치즈, 채소(이것들도 종류가 여러 가지) 등 선택지가 끝없이 이어진다. 그야말로 먹는 사람 수만큼이나 다양한 베이글이 존재하는, 자유의 땅 미국다운 음식이 바로 베이글이다.

1 먼저 다양한 종류의 베이글 중에 하나를 선택한다.
2 냉장 쇼케이스에 진열된 속재료를 보면서 선택한다.
3 크림치즈에 두부 스프레드 등 눈이 돌아갈 만큼 종류가 다양하다.
4 다양한 채소. 베이글에 끼워 넣거나, 사이드 메뉴로 샐러드도 주문할 수 있다.

굽는 방법

데워도 맛있고,
토스트해도 맛있다

베이글을 사왔다면 되도록 빨리 그대로 먹어야 한다. 만약 구워야 한다면, 데우는 방법과 토스트하는 방법 2가지가 있다. 자르지 않고 오븐토스터에 넣어 다시 데우면 겉은 바삭하고 속은 부드러운, 갓 구운 듯한 식감으로 돌아온다.

수평으로 잘라, 구운 자국이 날 때까지 토스트하는 방법도 추천한다. 이렇게 구우면 바삭하고 가벼운 식감을 즐길 수 있으며 씹는 맛도 좋다. 토스트한 식빵에 가까운 상태가 된다.

1 **베이글을 통으로 데울 경우**
2분 예열한 오븐토스터에 약 1분 30초 데운다.

2 **수평으로 자른 베이글을 토스트할 경우**
2분 예열한 오븐토스터에 약 2분(냉동은 3분) 굽는다.

응용
다양한 변화를 즐긴다!
인기 베이글 총집합

참깨
검은깨 또는 흰깨를 넣어 반죽하거나 위에 올려
구운 베이글. 우엉조림이나 닭고기 데리야키 같
은 한국이나 일본의 반찬과도 잘 어울린다.

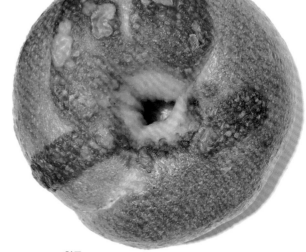

치즈
치즈를 넣어 반죽하거나 위에 올려 구운 베이글.
치즈의 진한 풍미와 짭짤한 맛이 더해지며 육류,
수산가공품 + 채소 등의 조합을 추천한다.

그레인
그레인은 「곡물」을 뜻한다. 오트밀, 해바라기씨 등
다양한 잡곡이나 열매를 사용한다. 후무스(p.150
참조), 흰곰팡이치즈, 달걀샐러드(p.134 참조) 등
샐러드 종류와 함께 먹는 것이 일반적이다.

양파
어니언칩(프라이드 어니언)을 넣고 반죽하여 구
운 베이글. 양파의 풍미가 강하기 때문에 치즈와
마찬가지로 육류, 수산가공품 + 채소 등의 조합
을 추천한다.

다양한 응용이 가능하다는 것이 베이글의 재미다. 인기 뉴욕 베이글과, 각 베이글에 어울리는 속재료, 요리 등을 소개한다. 베이글에 무엇을 넣을지 고민될 때, 또 식사빵으로 베이글을 즐기고 싶을 때 참고한다.

시나몬 건포도
시나몬 파우더와 건포도를 넣고 반죽한 베이글. 크림치즈 + 사과잼 또는 캐러멜 사과(p.150 참조), 크림치즈 + 메이플베이컨(p.137 참조) 등의 조합과 어울린다.

통밀
전립분(통밀)으로 만든 베이글. 매시트포테이토 (p.147 참조) + 생햄 등, p.112의 **A**와 육류, 수산가공품 등의 조합을 추천한다.

초콜릿
초콜릿칩이나 코코아파우더를 넣고 반죽한 베이글. 땅콩버터 + 베리류잼, 블루치즈 + 마멀레이드, 말차를 넣고 반죽한 크림치즈 + 연유 등의 조합과 어울린다.

블루베리
말린 블루베리나 블루베리 콩포트를 넣고 반죽한 베이글. 여기에서 소개하는 달콤한 베이글 가운데 짭짤한 재료와 가장 잘 어울린다. 우선 BLT 나 달걀샐러드(p.134 참조)부터 시도해 보자.

먹는 방법 ❶

맛의 법칙은 **A** + **B**

가장 대표적인 베이글 샌드위치라고 하면 플레인 크림치즈와 록스(LOX)이다. 록스
는 유대인이 사용하는 이디시어로 훈제연어를 가리키며 토마토 슬라이스, 양파, 케
이퍼 등과 함께 넣는다. 이처럼 「진하고 입안에서 잘 녹는 것(**A**)을 바르기」 또는
「올리기 + **B**를 하나 또는 여러 개 조합하기」가 베이글 샌드위치를 만드는 기본이
다. 나머지는 자유롭게!

A

스프레드 종류

- 플레인 크림치즈
- 플레이버 크림치즈(레시피는 모두 p.157 참조)
  스칼리온(파의 일종) 크림치즈
  파프리카 크림치즈
  드라이토마토 크림치즈
  올리브 크림치즈
  초콜릿칩 크림치즈
  레이즌과 호두 크림치즈
  애플시나몬 크림치즈
  오렌지필 크림치즈
- 후무스(p.150 참조)
- 땅콩버터
- 잼 / 콩피튀르(p.151 참조)

샐러드 종류 외

- 구운 연어샐러드(p.140 참조)
- 카레참치(p.141 참조)
- 타라모살라타(p.148 참조)
- 달걀샐러드(p.134 참조)
- 매시트포테이토(p.147 참조)

치즈 종류

- 하드, 세미하드 타입 치즈
  체다, 고다 등
- 흰곰팡이치즈
  브리, 카망베르 등
- 슬라이스치즈

B

육류 · 수산가공품

- 훈제연어
- 바삭바삭 베이컨(p.137 참조)
- 햄
- 생햄
- 닭고기구이 또는 소테(p.138 참조)

채소 종류

- 토마토
- 양파 슬라이스(가능하면 적양파)
- 아보카도
- 잎채소(p.143 참조)
- 새싹채소(p.143 참조)
- 오이
- 파프리카
- 피클(p.149 참조 / 시판 제품)
- 케이퍼

이렇게 먹는 방법도 있다!

- 달콤한 베이글에 짭짤한 필링을 넣는다
- 짭짤한 베이글에 달콤한 필링을 넣는다
- 아침식사용 베이글
  베이컨 / 달걀프라이(p.134 참조) / 치즈
- BLTA
  베이컨 / 양상추 / 토마토 / 아보카도
- BLTE
  베이컨 / 양상추 / 토마토 /
  달걀프라이 또는 달걀샐러드(모두 p.134 참조)
- 엘비스
  땅콩버터 / 베이컨 / 바나나 슬라이스

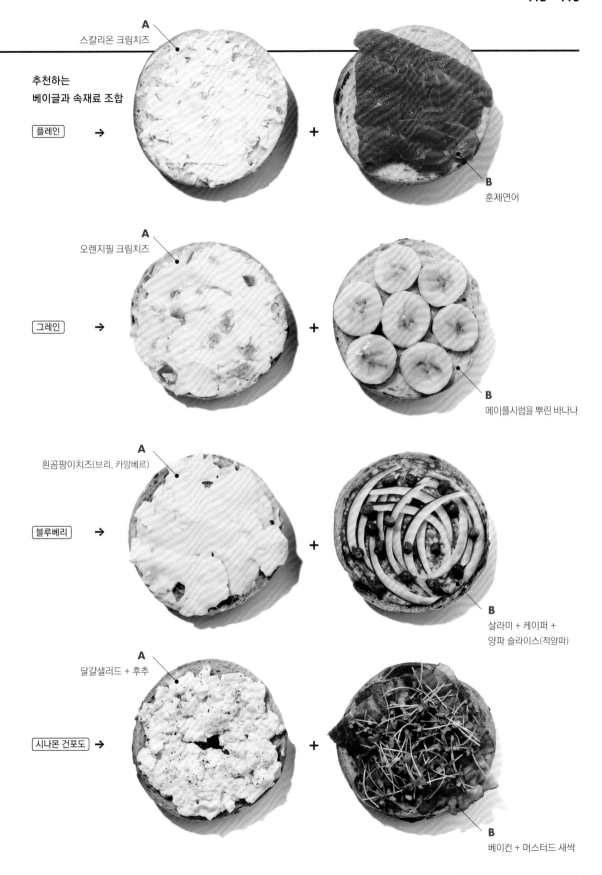

**추천하는
베이글과 속재료 조합**

플레인 →

A
스칼리온 크림치즈

+

B
훈제연어

A
오렌지필 크림치즈

그레인 →

+

B
메이플시럽을 뿌린 바나나

A
흰곰팡이치즈(브리, 카망베르)

블루베리 →

+

B
살라미 + 케이퍼 +
양파 슬라이스(적양파)

A
달걀샐러드 + 후추

시나몬 건포도 →

+

B
베이컨 + 머스터드 새싹

먹는 방법 ❷
베이글 샌드위치로 세계를 여행하다

맥주, 화이트와인

허브크림치즈 록스
크림치즈에 동양의 허브를 섞고 인기 재료인 록스와 조합해 보았다.
양파 슬라이스, 토마토, 아보카도 등을 추가해도 맛있다.

재료(2개 분량)
훈제연어 40g
허브크림치즈
  크림치즈(상온에 둔) 60g
  푸른 차조기 5장
  양하 1/2개
레몬즙 적당량
버터(상온에 둔) 5g
베이글(플레인) 2개

만드는 방법
1 허브크림치즈를 만든다. 볼에 크림치즈를 넣고, 부드러워질 때까지 나무주걱으로 으깬다.
2 푸른 차조기는 두꺼운 잎맥 부분을 잘라내고 채썬다. 양하는 다진다.
3 1에 2를 넣고 섞는다.
4 베이글을 수평으로 자르고, 아래쪽 단면에 3을 바른 다음 훈제연어를 올린다.
5 위쪽 단면에 버터를 바르고 4를 덮는다.
6 먹기 직전, 훈제연어에 레몬즙을 두른다.

맥주, 흑맥주, 레드와인

홈메이드 솔트비프 샌드
런던에서 유명한 베이글 샌드위치를 꼽으라면 단연 솔트비프다.
소금에 절인 소고기를 부들부들해질 때까지 삶은 맛이 중독적이다.

재료(2개 분량)
홈메이드 솔트비프
  소고기 목심(덩어리) 300g
  양파 1/2개
  소금 10g
  월계수잎 2장
  후추(흑/홀) 10알
게르킨(없으면 달지 않은 피클)
  2개
잉글리시 머스터드(없으면 옐로
  머스터드) 1~2큰술
버터(상온에 둔) 10g
베이글(치즈) 2개

만드는 방법
1 홈메이드 솔트비프(p.138 참조)를 만든다. 한 김 식으면 두께 5~8mm로 썬다.
2 게르킨은 1개당 4장이 되도록 세로로 썬다.
3 베이글을 수평으로 자르고, 가장자리가 바삭해질 때까지 토스트한다.
4 3의 양쪽 단면에 버터를 바른다.
5 아래쪽 빵에 머스터드를 바르고 1, 2를 순서대로 올린 다음 위쪽 빵을 덮는다.

* 솔트비프 위에 마요네즈를 발라도 맛있다.

● 사용한 빵 : 지름 10cm인 베이글

베이글 샌드위치에는 동서양의 어떤 식재료든 들어갈 수 있다. 일본풍 록스부터 영국에서 돌풍을 일으킨 샌드위치,
미국의 정통 스타일, 시나몬 건포도에도 딱 맞는 조합까지, 베이글 샌드위치의 올스타가 한자리에 모였다.

BLT 스페셜

샌드위치 속재료의 골든트리오 BLT(베이컨, 양상추, 토마토)에
아보카도 스프레드를 더하여 한층 고급스럽게 완성했다.

재료(2개 분량)
메이플베이컨
| 베이컨 3~4장
| 올리브오일 1/2큰술
| 메이플시럽 적당량
아보카도와 피스타치오 스프레드
(베이글 4개 분량)
| 아보카도 1개(170g)
| 마늘 1쪽(5g)
| 레몬즙 2작은술
| 피스타치오(껍질 포함) 50g
| 홀그레인 머스터드 1큰술
| 마요네즈 1큰술
양상추(p.143 참조) 2장
토마토(두께 8mm) 2장
후추 조금
버터(상온에 둔) 5g
베이글(플레인) 2개

만드는 방법
1 아보카도와 피스타치오 스프레드(p.145 참조)를 만든다.
2 메이플베이컨을 만든다. 베이컨은 반으로 자른다. 프라이팬에 올리브오일을 중불로 가열하고, 베이컨을 넣어 바삭해질 때까지 굽는다.
3 접시에 메이플시럽을 붓고, 2의 한쪽면을 담근다.
4 베이글을 수평으로 자르고, 가장자리가 바삭해질 때까지 토스트한다.
5 4의 아래쪽 빵 단면에 버터를 바르고 양상추, 토마토, 3을 순서대로 올린 후 후추를 뿌린다.
6 위쪽 빵 단면에 1을 50g 바르고 5와 합친다.

당근케이크풍 스위트 샌드

시나몬 건포도 베이글과 메이플시럽을 넣은 당근라페,
호두, 크림치즈 조합이 마치 당근케이크 같다.

재료(2개 분량)
크림치즈(상온에 둔) 60g
스위트 당근라페
| 당근 1/2개(75g)
| 호두(구운) 10g
| 메이플시럽 2큰술
호두(구운) 20g
베이글(시나몬 건포도) 2개

만드는 방법
1 스위트 당근라페를 만든다. 당근은 껍질을 벗겨 채칼로 채썬다. 호두는 잘게 다진다.
2 작은 볼에 1, 메이플시럽을 넣고 잘 섞는다.
3 베이글을 수평으로 자르고, 아래쪽 빵 단면에 2를 넓게 올린다.
4 위쪽 빵 단면에 크림치즈를 바르고, 호두를 손으로 부수어 올린 다음 3과 합친다.

현장특파원 소식 ⑩

미국인 아침식사의 정석!
시판 도넛에 홈메이드 토핑을 올리다

헤이! 미국 특파원인 제니퍼 빵스킨즈입니다! 제니라고 불러 주세요. 저는 미국 뉴욕에 살고 있어요.

『빵 – 취급설명서』에서 베이글을 소개해 주신 모양이네요. 땡큐! 아시다시피 베이글의 기원은 미국이 아니지만, 달걀이나 유제품이 들어가지 않으면서도 씹는 맛이 좋아서, 건강을 중시하는 뉴요커들 사이에 널리 퍼졌어요. 지금은 미국을 대표하는 빵이 되었어요. 자, 그렇다면 여기서 문제! 베이글과 공통점이 많은 빵은요? 모양이 비슷하고, 이민자를 통해 전해졌으며, 베이글처럼 아침식사로 먹는 것은 무엇일까요? 네, 도넛이에요! 일반적으로 도넛을 간식으로 먹는 경우가 많죠? 미국에서는 아침식사로 먹는 게 일반적이에요. 뉴욕에서 아침 일찍 문을 여는 커피 전문점에는 베이글, 도넛, 머핀이 반드시 놓여 있어요. 뉴욕의 음식 트렌드도 빠르게 변하고 있지만, 이 3가지는 여전히 아침식사의 정석입니다. 미국은 어느 동네에나 도넛가게가 있고, 아침 일찍 문을 여는 것 같아요. 그래서 점심시간이 지나면 문을 닫는다고요. 뭐, 미국도 워낙 넓으니 시골 도넛가게에서나 그럴 거라 생각하지만요. 저도 도넛을 무척 좋아한답니다. 하지만 종류가 워낙 많은 데다, 세련된 가게에 가면 새로운 맛의 도넛이 눈에 띄어서 늘 고민하게 돼요. 심지어 계절마다 맛이 바뀌는 가게도 있답니다. 미국의 도넛 반죽은 기본적으로 2가지 타입이에요. 폭신한 이스트 도넛과, 비교적 단단한 케이크 도넛(베이킹파우더나 베이킹소다를 넣은)인데요. 이 2가지 반죽을 링이나 꽈배기모양으로 만들고, 코팅을 하거나 토핑을 뿌려 다양한 변화를 주고 있답니다. 영어강의도 할 겸 지금부터 여러분에게 도넛의 종류를 알려드릴게요.

이스트 도넛 / Yeast(ed) Doughnuts

- Sugared / 슈거드
  설탕 자체를 묻힌 것.

- Glazed / 글레이즈드
  반투명한 설탕액으로 코팅한 것.

- Frosted(or Iced) / 프로스티드(또는 아이스드)
  색과 향을 입힌 아이싱을 올린 것.
  여기에 다양한 색상의 스프링클을 뿌린 것을
  Sparkling(스파클링)이라고 한다.

- Filled / 필드
  가운데를 크림이나 잼 등으로 채운 것.

- Twist / 트위스트
  반죽을 꼬아서 튀긴 것.
  슈거드, 글레이즈드, 시나몬 맛이 대표적이다.

- Roll / 롤
  반죽을 소용돌이 모양으로 튀긴 것.
  커피롤, 시나몬롤이 대표적이다.

케이크 도넛 / Cake Doughnuts

- Traditional / 트래디셔널
  가장 기본적인 도넛.

- Old-fashion(ed) / 올드패션
  표면이 갈라져 울퉁불퉁한 링모양 도넛.

- Cruller / 크룰러
  프렌치 크룰러는 반죽이 슈반죽이다.

- Apple Fritter / 애플 프리터
  사과, 애플사이다, 시나몬이 들어간 울퉁불퉁한 도넛.

네? 이미 알고 있다고요? 비슷한 도넛가게가 근처에 있다고요? 「미스터 도넛」이요? 놀랍네요! 그럼 그 가게의 도넛 중에 글레이즈나 설탕이 뿌려져 있지 않은 걸로 준비해 보세요! 뉴욕이나 미국 캘리포니아 스타일의 맛있는 글레이즈, 멋진 데코레이션 방법을 제니가 알려드릴게요.

미스터 도넛의 올드패션을 이용한다　레시피는 도넛 1개 분량

얼그레이 글레이즈

재료 · 만드는 방법

얼그레이 글레이즈

| 슈거파우더　2큰술(15g)
| 물　1/2작은술
| 얼그레이(가루)　1/2작은술
| ＊ 티백에 든 찻잎을 사용

1　글레이즈를 만든다. 작은 볼에 재료를 순서대로 모두 넣으면서 잘 휘젓는다.
2　1을 전자레인지(500W)에 20초 가열한다.
3　스푼으로 도넛 윗면(홈이 있는 면)에 2를 물방울무늬가 되도록 묻힌다.

히비스커스 글레이즈

재료 · 만드는 방법

히비스커스 글레이즈

| 슈거파우더　2큰술(15g)
| 물　1/2작은술
| 히비스커스차(가루)　1/2작은술
| ＊ 티백에 든 찻잎을 사용

1　얼그레이 글레이즈 만드는 방법 **1**, **2**와 동일하게 작업한다.
2　도넛 윗면에 **1**을 바른다.

레몬 & 타임

재료 · 만드는 방법

레몬 글레이즈

| 슈거파우더　2큰술(15g)
| 레몬즙　1/2작은술
타임(가능하면 생) 2줄기

1　레몬 글레이즈를 만든다. 작은 볼에 재료를 모두 넣고, 스푼으로 잘 휘젓는다.
2　1을 전자레인지(500W)에 20초 가열하고, 타임 잎을 1줄기 분량만큼 넣어 섞는다.
3　도넛 윗면에 스푼으로 2를 바르고, 남은 타임 잎을 뿌린다.
＊　타임 대신 로즈메리를 사용해도 좋다.

크림치즈 & 향신료

재료 · 만드는 방법

크림치즈 아이싱

| 크림치즈　1개(18g)
| 슈거파우더　1작은술
향신료(파우더/시나몬, 카다몬 등 취향에 따라)
　적당량
호두　1~2개

1　크림치즈 아이싱을 만든다. 작은 볼에 크림치즈를 넣고, 전자레인지(200W)에 30초 가열하여 부드럽게 만든다.
2　1에 슈거파우더를 넣고 잘 섞는다.
3　도넛 아랫면에 향신료를 뿌리고, 2를 바른 다음(순서를 바꿔도 좋다) 부순 호두로 장식한다.

진저크림치즈 & 오렌지

재료 · 만드는 방법

진저크림치즈 아이싱

| 크림치즈　1개(18g)
| 슈거파우더　1작은술
| 생강(간)　1/5작은술
오렌지(과육) 적당량

1　진저크림치즈 아이싱을 만든다. 크림치즈 & 향신료 만드는 방법 **1**, **2**와 동일하게 작업한다.
2　1에 생강을 넣고 잘 섞는다.
3　도넛 아랫면에 2를 바르고, 오렌지를 장식한다.

캐러멜

재료 · 만드는 방법

캐러멜　2개(9g)

1　오븐시트 위에 캐러멜을 나란히 묻히고, 전자레인지(500W)에 30~40초 가열한다.
2　녹아서 넓게 펴진 1 위에 도넛을 올리고, 거꾸로 뒤집어 캐러멜을 묻힌다. 한가운데를 덮은 캐러멜이 굳기 전에 구멍을 낸다.

＊　캐러멜이 굳기 전에 플뢰르 드 셀을 뿌려도 맛있다.

빵의 기본

빵에 대해 더 알고 싶은 사람을 위해
「빵이란 무엇인가?」, 「언제부터 있었는가?」, 「맛있는 빵을 구분하는 방법은?」 등
빵에 관한 기초지식을 정리하였다.
다양한 빵에 활용할 수 있는 「빵 보관하기」와 「자르는 방법」도 소개한다.

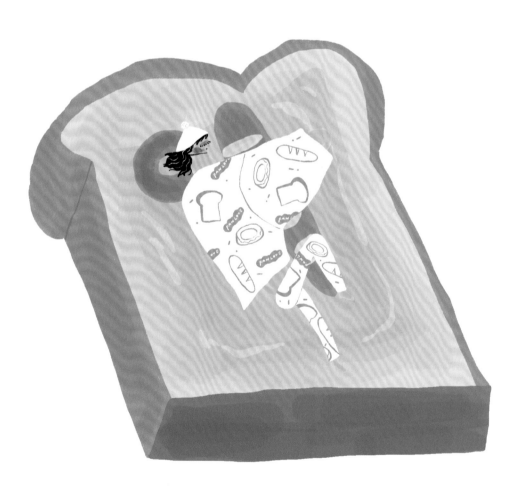

빵의 정의

빵이란 밀가루, 호밀가루, 쌀가루 같은 곡물가루에 물, 효모, 소금을 더하여 만든 반죽을 발효시키고 구워서 완성한 음식이다. 단, 예외도 있다. 인도나 파키스탄에서 먹는 차파티 같은 무발효빵에는 효모가 들어가지 않으며, 머핀 같은 퀵브레드는 효모 대신 베이킹파우더로 부풀려 만든다. 소금의 경우 이탈리아의 파네 토스카나(토스카나주의 빵)에는 들어가지 않는다. 예외를 계속 들 수 있을 만큼 빵의 종류는 정말 다양하며, 어떤 빵이든 있을 수 있다.

빵의 역사

빵을 먹고 싶다는 「빵 욕구」가
농업을 일으키고 문명을 개화시켰다?

빵의 역사는 약 1만 4000년 전, 지금의 요르단 근처에서 시작되었다. 밀, 보리, 식물의 뿌리가루를 반죽하여 평평하게 만들고, 돌을 쌓아 만든 가마에 구웠다(인류 역사상 가장 오래된 요리라고도 불린다). 농업이 시작된 시기가 약 1만 년 전이므로, 그보다 전에도 빵은 존재하지 않았을까 싶다.

이런 사실을 종합하여 나는 「인류의 빵 애호설」을 주장하고 있다. 빵을 먹고 싶다는 「빵 욕구」가 있었기에 농업이 시작되었고, 결국 문명을 발달시킨 원동력이 된 것이다.

빵의 정의에서 밝혔듯 발효시킨 빵은 약 5,000년 전 이집트에서 등장했다. 치대어 둔 반죽이 부푼 것을 발견하여, 구워 봤더니 맛이 좋았고 그때부터 빵을 발효시켜 먹게 되었다고 한다. 어떻게 그리 자세히 알고 있느냐 하면, 이집트 왕의 무덤에 빵을 만드는 장면이 그려진 벽화가 남아 있기 때문이다. 가루를 빻는 도구나 가마도 그려져 있어, 빵을 만드는 기술이 상당한 수준에 도달했음을 알 수 있다. 이집트인은 주변 민족으로부터 「빵을 먹는 사람」이라 불렸다고 한다.

유럽 각지로 퍼져 나가고
기술 향상으로 흰 빵이 서민에 이르기까지

기원전 500년 무렵, 고대 그리스에 이르러 놀라울 만큼 다양한 종류의 빵을 굽게 되었다. 치즈를 넣은 빵, 꿀을 넣은 빵, 올리브를 넣은 빵, 건과일을 넣은 빵, 와인을 넣은 빵, 튀긴 빵……. 현대에 볼 수 있는 빵은 대부분 나왔다고 해도 좋을 정도다. 그리스의 뛰어난 제빵기술은 고대 로마로 이어졌다. 폼페이 유적에 남아 있는 빵 가마는 현대의 장작 가마와 형태가 거의 동일하다. 포카치아(p.76 참조)는 이 무렵부터 로마제국에서 굽기 시작했다고 알려져 있다.

제빵기술은 로마제국의 확장과 함께 유럽 각지로 전해졌다.

호밀은 원래 밀에 섞여 있던 잡초였는데, 북쪽으로 씨앗이 전해지면서 점차 밀과 섞이는 비율이 많아졌다. 이것이 밀과 호밀을 섞은 호밀빵(p.92 참조)을 먹게 된 기원이 아닐까 싶다.

중세 유럽에서 흰 빵은 신분이 높은 사람의 음식, 밀기울을 넣은 검은 빵은 신분이 낮은 사람의 음식이었다. 식사할 때, 자리에 놓인 빵만 봐도 그 사람의 신분을 알 수 있을 만큼 흰 빵은 동경의 음식이었다.

이 시기의 빵은 오늘날의 캉파뉴(p.28 참조)와 비슷했다. 마을에 설치된 공동가마에서 1주일 치의 빵을 구웠다. 아직 빵효모(이스트)가 발명되기 전의 시대에서는, 반죽 일부를 빵종으로 남겨 두었다가 다음번 빵을 만들 때 반죽에 섞어 발효시켰다.

18세기 산업혁명이 일어나자 석탄을 이용한 대형가마가 개발되면서 공장에서 빵을 대량 생산하기에 이르렀다. 이것이 영국에서 탄생한 식빵(틴브레드/p.52 참조)이다. 19세기에는 현대적인 빵을 굽는 데 필요한 기술이 등장했다. 바로 빵효모(이스트)와 밀기울을 제거한 흰 밀가루를 만들 수 있는 롤 제분기(강철로 만든 2개의 롤러를 회전시켜 밀기울을 분리한다)이다. 20세기가 되자 캉파뉴 같은 기존의 묵직한 빵이 아닌, 흰 밀가루와 빵효모로 만든 바게트(p.8 참조)나 크루아상(p.40 참조)을 파리에서 먹을 수 있게 된 데는 이런 배경이 있다.

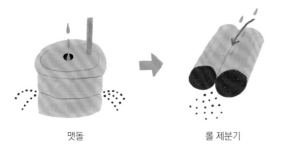

맷돌   롤 제분기

총과 함께 일본에 전해진
간식빵 문화와 미국의 영향

일본에 서양의 빵이 최초로 들어온 시기는 16세기다. 「총이 전래된 곳」으로 알려진 다네가시마에 도착한 포르투갈 표류자가 빵도 전해준 것이다. 빵을 뜻하는 일본어 「パン(팡)」의 어원이 포르투갈어로 「빵」을 뜻하는 pão(팡)이라는 설도 있다.

에도시대에는 쇄국정책을 폈기에 빵이 널리 퍼지지 않았으며, 당시 거류지였던 데지마의 외국인이 먹거나 군용식량으로 쓰이는 정도였다. 막부 말기에 이르러 요코하마의 거류지에 살던 영국인이 빵집을 열고, 영국식 빵(산형식빵)을 굽게 되었다. 이 흐름을 이끌어온 가게는 지금도 「우치키팡(ウチキパン)」이라는 이름으로 요코하마에 남아 있다.

일본에서 탄생한 대표적인 빵은 단팥빵이다. 메이지 7년(1874년)에 「긴자기무라야(銀座木村家)」에서 처음 만들었다. 당시 일본인에게 빵은 신기한 음식이었다. 그다지 팔리지 않아서 만주를 사러 오는 사람들에게 친숙한 팥앙금을 주종(누룩으로 배양한 발효종) 반죽에 넣어 보았는데, 그것이 큰 인기를 끌었다. 「나카무라야(中村屋)」에서도 크림빵을 선보이는 등 일본에서는 식사용이 아닌 간식용으로 빵이 받아들여졌다.

주종이나 홉종(맥주 원료인 홉으로 배양한 발효종) 등 일본에서도 오랫동안 발효종으로 빵을 구워 왔는데, 다이쇼시대에 들어 이스트가 등장한다. 미국으로부터 처음 수입한 이스트로 「마루주팡텐(丸十ぱん店)」에서 내놓은 것이 곳페빵(p.66 참조)이다.

이스트의 등장에 자극을 받은 듯, 다이쇼시대 ~ 쇼와시대 초기 무렵에는 카레빵이나 멜론빵 같은 새로운 빵이 속속 등장했다. 제2차 세계대전 이후 일본인은 점점 빵을 좋아하게 되었다. 가장 큰 계기를 미국이 만들어 주었다. 전후에 식량이 부족해 굶고 있던 일본인에게 미국은 밀가루나 탈지분유를 원조해 주었다. 일본에서는 이를 이용해 급식용 곳페빵을 구웠다. 쇼와시대의 급식은 매일매일 빵과 우유였기에, 일본인의 식습관에 이것이 큰 영향을 끼쳤을 것이다.

오늘날 일본에서 가장 즐겨 먹는 빵은 식빵이다. 이 또한 미국의 영향이 크다. 아침식사는 토스트와 커피라는 인식이 생겨난 것도 미국의 캠페인에서 비롯되었다. 또 미국은 일본에서 수많은 제빵사를 양성하기도 했다. 폭신한 곳페빵이나 식빵은 미국산, 캐나다산 밀가루에 가장 어울리는 빵이다. 그런 이유로 일본에서 빵을 만들 때 사용하는 밀가루는 약 90% 이상이 미국산, 캐나다산이 된 것이다. 그래서 내 마음속에는 「미국이여, 우리를 빵 마니아로 만들어 줘서 고마워!」라는 고마움과 「일본인이 즐겨 먹는 음식을 바다 건너 식재료에 의존해도 괜찮은 걸까?」라는 의문이 계속 충돌하고 있다.

국내산 밀로 만든 개성적인 빵집이 속속 등장하면서
전에 없는 빵 열풍이 불고 있다

쇼와시대가 끝날 무렵, 일본에서도 「국내산 밀로 빵을 만들자!」라는 움직임이 일어나기 시작했다. 1984년에 창업한 「르뱅(Levain)」은, 자가배양한 발효종과 생산자로부터 직접 공급받은 밀을 자가제분하여 캉파뉴를 만드는 가게를 최초로 열었다. 1999년에 창업한 「브누아통(Benoiton)」은 지역 생산자에게 재배를 위탁하고, 직접 문을 연 돌절구 제분소에서 「쇼난밀」을 갈아 빵을 만들었다. 이 선구자들은 온갖 고생을 감수하며 국산밀로 빵을 구운 것이다. 이 무렵 「국산밀로는 빵을 만들 수 없다」는 것이 프로 제빵사의 상식이었다. 왜냐하면 야요이시대에 밀이 처음 전해진 이후 일본에서는 줄곧 우동면용 밀(중력분)만을 재배해 와서, 빵에 적합하지 않았기 때문이다. 메이지, 다이쇼 시대에 태어난 사람은 밀가루를 「우동가루」라고 부르거나, 미국에서 건너온 가루라는 의미로 「메리켄가루」라고도 불렀다.

그런데 품종 개량이 진행되면서 홋카이도를 중심으로 일본에

서도 제빵용 밀을 생산하기 시작했다. 그 첫 번째가 1987년
에 개발된 「하루유타카」라는 품종이다. 그 후 기타노카오리,
유메치카라, 규슈의 미나미노카오리, 간토 고신에츠의 유메카
오리, 하나만텐 등 맛있는 빵을 구울 수 있는 밀 품종이 연이어
재배되기 시작했다. 게다가 일본 전역에 해당 지역의 밀을 사
용하는 개성적인 빵집이 나타나기 시작했다. 각 품종의 개성을
표현하여 빵을 만드는 방법이 일본빵의 최신 유행을 이끌어 가
고 있다.

헤이세이 이후에는 과거에 「묵직하고 먹기 힘든 빵」의 대명사
였던 발효종 기술이 크게 발전했다. 물을 많이 넣어 입안에서
잘 녹게 하거나, 발효시간을 늘려 풍부한 발효향을 낸 빵 등이
널리 퍼졌다. 맛있는 밀, 기술의 발전, 개성적인 제빵사가 속속
등장하면서, 「빵 열풍」이라 불릴 정도로 이제 빵의 세계가 큰
관심을 받고 있다.

빵을 더 잘 알기 위한 용어 가이드

매일 먹는 빵인데도 잘 알지 못하는 사람이 의외로 많은 것 같
다. 밀로 만든다는 점은 알고 있더라도, 그 밖의 재료는? 반죽
은 어떻게 부푸는 걸까? 이처럼 소박한 질문을 떠올리게 만드
는 것 또한 빵의 매력이다. 여기서는 빵에 들어가는 주요 재료,
빵이 부푸는 원리, 만드는 방법을 알기 위한 용어들을 설명한
다. 단순하기 때문에 오히려 심오한 빵의 세계로 한 발 내딛기
위한 용어 가이드이다.

[가 루]
밀가루
밀기울을 제거하고 밀 알갱이의 흰 부분(배유)만 분리해서 만
든, 흔히 말하는 「흰 밀가루」를 가리킨다.

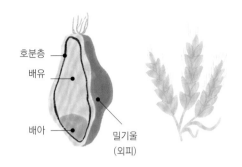

호분층
배유
배아
밀기울
(외피)

전립분
밀 알갱이를 통으로 빻은 가루. 체로 거르지 않고 밀 전체를 그
대로 가루로 낸 것을 「완전 전립분」이라 한다. 단, 일반적인 전
립분은 밀기울 중에 굵은 알갱이를 체로 걸러 먹기 쉽게 만든다.

강력분 / 준강력분 / 중력분 / 박력분
밀가루는 단백질 함유량에 따라 4종류로 나뉘며, 이 단백질이
글루텐을 형성한다(p.124 참조). 강력분의 단백질 함유량이 가
장 많으며, 순서대로 박력분의 단백질 함유량이 가장 적다.

강력분은 식빵, 간식빵 등 강한 글루텐이 요구되는 빵에 사용한
다. 주요 산지는 미국, 캐나다, 홋카이도 등이다. 준강력분~중
력분은 린 계열(하드계열)에 사용한다. 프랑스빵 전용가루 등으
로 판매하는 것도 있다. 강력분만큼 강한 글루텐이 형성되지 않
으므로, 강력분의 글루텐을 약화시켜 식감을 좋게 만들 목적으
로 섞는 경우도 있다. 박력분은 보통 제과용으로 많이 쓰이며,
글루텐을 형성하는 단백질이 적다.

밀가루 종류와 차이점

	박력분	중력분	준강력분	강력분
단백질 함유량	적다 6.5~8.5%	중간 9% 내외	조금 많다 10.5~11.5%	많다 11.5~13.5%
점성	약하다	중간	조금 강하다	강하다
알갱이 굵기	가늘다	중간	굵은 편	굵다
용도	과자	우동 등 국수, 부침개 등	바게트 등 린 계열	린 계열을 제외한 빵

일본산 밀

제빵용 밀 가운데 일본산 밀이 차지하는 비율은 3%(2009년 기준)에 불과하다. 그 가운데 홋카이도산이 약 60%, 후쿠오카, 사가, 구마모토 등의 규슈산, 군마나 사이타마 등의 간토산이 그 뒤를 잇는다. 최근에는 품종개량에 의해 홋카이도산을 중심으로 제빵용 밀의 품종이 개발되고 있다. 산지나 품종에 따라 다양한 개성을 띠지만, 일반적으로 쌀에 뒤지지 않는 단맛과 쫄깃함이 일본산 밀의 특징이다.

미국산, 캐나다산, 호주산 밀

북미산 밀은 일본산이나 프랑스산보다 빵 만들기에 적합한 단백질이 풍부하다. 그래서 일본에서 먹는 제빵용 밀은 대부분 북미산이다. 우동면용 중력분은 대부분 호주산이다.

프랑스산 밀

바게트의 고향인 프랑스. 프랑스산 밀은 바게트, 캄파뉴 같은 하드계열에 사용한다. 미국산, 캐나다산만큼 단백질 함유량이 높지는 않다. 버터처럼 달콤한 풍미가 있으며, 말린 새우처럼 코끝을 찌르는 진한 향이 느껴진다. 노란 빛을 띠는 경우도 있다.

호밀

밀과는 달리 호밀 속 단백질은 글루텐을 거의 만들지 못한다. 그래서 호밀 사워종을 이용하여, 반죽을 산성으로 만들고 걸쭉해지는 것을 막는다(p.92 참조). 독일산, 북미산 등을 주로 사용하며, 일본산은 드물다.

쌀가루

글루텐 프리의 유행으로 많이 사용하기 시작했다. 글루텐이 들어있지 않아, 밀가루와 섞어서 사용하는 경우가 많다. 단맛과 쫄깃한 식감이 특징이다.

그레이엄 밀가루

밀기울과 밀의 씨눈(배아)만 굵게 빻은, 완전 전립분의 일종.

[부 재 료]

지방

반죽의 신장성을 높여, 기포막과 껍질을 얇고 폭신하게 만든다(고체형 지방의 경우). 그 결과 식감이 좋고 입안에서 잘 녹는 빵이 완성된다. 반죽 속에 수분을 가두어, 반죽의 건조를 막는 역할도 한다. 우유로 만든 동물성지방이 버터. 제빵용 지방 중에 우유 외의 재료로 만든 것으로 마가린, 쇼트닝 등이 있다. 천연발효종 빵집에서는 카놀라유나 참기름 등도 사용한다.

버터

빵에 사용하는 지방의 하나. 밀키한 향과 단맛이 풍부하다. 브리오슈, 크루아상, 버터롤에 반드시 들어가며, 식빵에도 사용한다.

생크림

밀키함과 단맛을 더하며, 지방분이 많아서 지방 역할도 한다.

탈지분유

우유에서 버터를 제거한 탈지유를 건조시킨 것. 색이 예쁘게 나오고, 밀키함과 단맛이 특징이다. 토스트하면 바삭하고 고소한 향이 난다.

달걀

달콤한 풍미와 고소함을 더하는 동시에, 반죽의 신장성을 높이거나 노화를 늦추기도 하며, 유화(기름과 물이 서로 섞인 상태가 되는 것)시키는 효과도 있다.

설탕

당이 캐러멜화하면서 빵의 구운 색이 좋아진다. 반죽이 부드럽고 촉촉해지는 효과도 있다. 빵효모의 영양원이 되지만, 간식빵처럼 많이 넣으면 빵효모의 활동이나 글루텐 결합을 방해할 때도 있다.

소금

요리에 사용할 때와 마찬가지로, 먹었을 때 맛있다고 느끼게 만드는 조미료지만 글루텐의 탄력을 높여 반죽을 뭉치는 효과도 있다. 일반적으로 밀가루 무게의 2%를 넣는다.

[효 모]

효모의 작용

빵이 완성되는 것은 효모라는 미생물의 활동 덕분이다. 밀가루나 효모에서 생겨난 효소가 전분을 당으로 분해한다. 효모는 이 당을 먹이로 활동하고, 이산화탄소(탄산가스)와 알코올(에스테르) 등 향 성분을 만들어낸다. 효모가 배출하는 이산화탄소가 반죽 안에 머무르면서 반죽을 부풀린다. 이런 일련의 흐름을 「발효」라고 한다. 어떤 식으로 발효를 일으키고 효모를 활동시키느냐에 따라 빵의 맛과 모양이 결정된다.

효모(Saccharomyces cerevisiae)는 사케, 와인, 맥주를 만들 때도 사용한다. 특히 빵 만들기에 적합한 효모를 「빵효모」라고 구분하여 부른다.

빵효모(이스트)

빵 만들기에 적합한 발효력 강한 효모를 배양, 증식시킨 것. 슈퍼 등에서 판매하는 시판 「이스트」를 가리킨다. 생이스트, 드라이이스트, 인스턴트 드라이이스트가 있다. 이 책에서는 「이스트」라는 용어를 쓰지 않고 「빵효모」라 표기한다(일부 예외도 있다).

발효종

흔히 말하는 「천연효모」다. 밀이나 건포도 등에 물을 더하여, 이들에 붙은 효모(또는 공기 중에 떠다니는 효모)를 증식시키고 활성화해서 빵 반죽을 발효시키기 위한 「종」을 만든다. 겉보기에는 빵 반죽과 다르지 않다.

발효종은 현미경으로 보고 골라내는 빵효모와 달리, 핀포인트로 발효력 있는 효모만 골라낼 수 없다. 모든 작업을 인간의 눈이나 감에 의존해야 한다. 종은 효모, 유산균, 아세트산균 등 다양한 균을 포함한 일종의 생태계인 까닭에 ,각각의 균이 만들어내는 신맛, 향, 다양한 풍미를 담고 있다. 빵효모보다 발효력이 떨어져서 결이 촘촘한 빵이 되기 쉽고, 발효도 안정적이지 않다. 이 또한 소박한 풍미의 묵직한 빵이 완성되는 이유다.

가게에서 직접 만든 발효종을 「자가배양 발효종」 등으로 부르는데, 시판 발효종을 첨가하여 만드는 경우도 있다.

발효종에는 르뱅종, 호밀 사워종, 건포도종, 주종 등이 있다. 또 과일, 채소, 꽃 등을 이용하여 발효종을 배양할 수도 있다.

밀, 건포도 등의 효모

쉬고 있다

↓

물을 더한다

↓

눈을 뜨고,
활성화한다

사워종(사워도우)

곡물로 배양한 발효종의 총칭. 빵 만들기의 원점이며, 르뱅종이나 호밀 사워종도 여기에 포함된다.

요즘 사워도우라는 표현은, 미국 샌프란시스코의 유명 빵집 「타르틴 베이커리」의 컨트리브레드에서 시작된 움직임을 가리킬 때가 많다. 신맛이 생기기 전의 어린(발효시간이 짧은) 발효종을 사용하여, 고가수 반죽을 고온에서 구워내는 방법이 특징이다.

르뱅종

밀가루로 배양한 발효종. 단순히 「르뱅」이라 부를 때도 있다. 빵에 신맛이나 진한 풍미뿐 아니라 과일향을 주기도 한다.

르뱅 리퀴드

르뱅종에는 르뱅 리퀴드(수분이 많고 유동성이 있는 종)와 르뱅 뒤르(수분이 적고 단단한 종)가 있다. 수분량이 많으면 신맛이 지나치지 않고, 단맛을 가진 종이 되는 경향이 있다.

호밀 사워종

사워종 중에서도 특히 호밀로 만든 사워종을 가리킨다. 글루텐을 거의 생성하지 않는 호밀로 빵을 만들 때 반드시 필요하다. 독특한 신맛과 풍미가 있다. 독일이나 북유럽 빵 등에 사용한다.

건포도종

신맛이 비교적 적고, 건포도에서 유래한 단맛이 빵에 더해지는 것이 특징이다. 그래서 오래 구운 빵도 쓴맛이 잘 나지 않아, 하드계열에 잘 어울린다.

주종

누룩으로 만든 일본 특유의 발효종. 「긴자기무라야」의 단팥빵에 사용하는 것으로 유명하다. 사케, 미소, 아마자케와 비슷한 풍미가 난다.

글루텐

밀가루에는 글리아딘과 글루테닌이라는 2종류의 단백질이 약 10% 들어 있다. 밀가루에 물을 부어 반죽하면, 이 2가지 단백질이 얽혀서 얇은 피막을 형성한다. 이처럼 밀가루에 함유된 단백질과 물이 결합하면서 생겨난 고무 같은 물질을 「글루텐」이라 부른다. 이 글루텐에 의해 반죽 안에 공기가 머무르면서 빵이 부푼다. 글루텐은 반죽의 점성이나 탄력을 형성하는 기반인 동시에, 구운 반죽이 식은 후에는 굳어서 빵의 골격을 이룬다. 글루텐이 많이 형성될수록 반죽이 잘 부풀지만, 단단해져서 씹는 맛이나 입안에서 녹는 느낌이 나빠지는 단점도 있다. 이 균형을 잘 잡는 것이 맛있는 빵을 만드는 비결이다.

전분

밀가루의 70~75%를 차지하며, 빵맛을 좌우하는 주요성분이다. 효모가 가진 효소의 작용으로 전분이 당으로 분해되고 효모의 먹이가 된다. 이렇게 생성된 당은 빵을 씹을 때 느껴지는 단맛이나, 입안에서 코를 통해 나가는 향의 원인이기도 하다.

[만드는 방법]

스트레이트법

처음부터 재료를 모두 섞어서, 믹싱 1번으로 빵을 완성하는 표준적인 방법. 밀가루 본연의 풍미를 살린 심플한 빵을 만들 수 있다. 발효시간이 짧아서 오래 보관하지 못하는 경우도 있다.

장시간 발효

완성한 반죽을 표준적인 방법보다 길게, 하룻밤 정도 재우는 방법(오버나이트라고도 한다). 풍미가 진해지고 반죽의 수화(밀가루가 물을 흡수하는 것)가 진행된다. 그러면 입안에서 잘 녹고, 반죽도 오래 보관할 수 있게 된다. 빵효모가 비교적 적게 들어가므로 흔히 말하는 「이스트 냄새」가 잘 나지 않는 장점이 있다. 요즘은 작업의 효율성을 높이기 위해, 대부분 빵집에서 이 방법을 채택하고 있다.

같은 장시간 발효라도 발효온도에 따라 효과가 달라진다. 냉장고(5℃ 이하)에서 오버나이트시키는 것이 일반적이다. 17℃ 내외 등 비교적 높은 온도에서는 밀가루나 효모 등의 효소가 밀가루의 분해를 촉진하여, 풍미 관련 성분을 더 많이 생성한다.

중종법

밀가루, 효모, 물(경우에 따라 설탕 등 부재료도 더한다)의 일부를 반죽하여 중종을 만들고, 몇 시간~하룻밤 동안 발효시켜 둔다. 그 후 기본 반죽에서 남은 재료와 중종을 합쳐 반죽을 만든다. 반죽을 2번 반죽하므로 글루텐을 강화하여 빵에 볼륨감이 생기고, 반죽의 수화가 진행되어 빵을 더 오래 보관할 수 있다는 점이 특징이다. 제빵업체에 따라 포장빵, 간식빵, 식빵 등에 사용하는 방법이다.

오토리즈

믹싱(p.125 참조) 전에 빵효모를 넣지 않고 가루와 물을 섞어 둔다. 이렇게 하면 수화(p.125 참조)가 진행되어 반죽이 입안에서 잘 녹고, 효소가 밀가루 성분을 분해해서 단맛과 향을 만들어내게 된다. 보통 30분 정도지만, 최근에는 몇 시간~하룻밤에 달하는 장시간 오토리즈를 하는 경우가 많아졌다.

풀리시

린 계열 빵에 많이 쓰이는 방법으로 밀가루, 효모, 넉넉한 양의 물을 섞어 하룻밤 둔다. 효모가 작용하여 독특한 풍미를 내는 데다, 식감도 좋고 반죽이 오래간다.

호화

생전분을 물과 섞은 다음 가열하여, 부드럽고 촉촉하며 입안에서 잘 녹는 데다 단맛도 돌 만큼 맛있어지는 것을 호화라고 한다. 빵 반죽이 오븐에서 열을 받으면 전분의 호화가 일어난다. 탕종이나 고가수 빵은 일반적인 방법으로 만든 빵보다 전분의 호화가 더욱 잘 일어난다. 단맛이 증가하고, 시간이 지나도 단단해지지 않는 특징이 있다.

가정에서 빵을 다시 구울 때도 마찬가지다. 굽기 전에 분무기 등으로 수분을 보충하면, 호화가 다시 진행되어 부드럽고 입안에서 잘 녹는 빵을 만들 수 있다.

탕종

밀가루 일부를 미리 뜨거운 물로 반죽해서 호화(호화 항목 참조)를 일으키는 방법.

고가수

반죽에 많은 양의 물을 넣는 것. 일반적으로 물은 가루 무게의 70% 내외인데, 80% 또는 많게는 100%가 넘게 물을 넣는 것을 고가수라 부른다. 이렇게 하면 호화가 진행되어, 쫄깃하다 못해 탱글탱글한 식감이 된다.

수화

밀가루가 물을 충분히 흡수하는 것. 밀가루는 시간을 들여 물을 서서히 흡수한다. 발효시간을 늘리거나 오토리즈를 이용하면, 밀의 씨눈에까지 물을 흡수시킬 수 있다. 수화시킨 반죽의 효과는 오토리즈 항목을 참조한다.

펀치

발효 중간에 반죽을 늘리거나, 두들기거나, 충격을 주는 작업이다. 글루텐을 강화하고 반죽에 공기를 넣어 효모의 활동을 활발하게 하거나, 기포 크기를 균일하게 만드는 것 등이 목적이다. 「반죽은 펀치로 완성된다」는 말이 있다. 믹서에만 의존하지 않고, 감으로 반죽의 상태를 보면서 글루텐을 형성시켜 부드러운 빵을 만들어 내는 상급 기술을 표현한 말이다.

믹싱

반죽을 치대는 작업. 빵집에서는 전동 믹서를 사용한다. 재료를 균일하게 섞는 동시에 글루텐을 형성시켜, 잘 늘어나고 탄력 있는 반죽을 만든다. 세게, 오래 치댈수록 글루텐이 강화되어 볼륨감이 생기지만, 글루텐이 단단해져서 식감이 나빠지거나 공기와 오래 접촉해서 산화가 진행되면 풍미를 잃기 쉽다. 반대로 지나치게 반죽하지 않고 만든 빵으로 p.22의 뤼스티크나 팽 드 로데브가 있는데, 이들 빵에는 밀의 풍미가 진하게 남아 있다. 최근 손 반죽이 세계적으로 유행하고 있다. 인간의 손은 기계보다 힘이 약하여 글루텐이 그만큼 강해지지 않는다. 따라서 부드러운 빵이 완성된다.

효소

밀이나 효모에 붙어 있는 효소는 (빵을 만들 때) 물과 만나면서 활동을 시작한다. 밀 속 단백질이나 전분을 분해하여, 단맛의 기반이 되는 당이나 아미노산 등을 만든다. 장시간 발효로 풍미가 진해지는 것은 이 때문이다. 물론 이런 방법이 전부는 아니며, 발효를 진행시키지 않아야(효소를 활성화시키지 않아야) 느낄 수 있는 신선한 맛도 존재한다.

여러 요소가 영향을 미치기 때문에, 맛은 어느 한 방향으로만 결정되지 않는다. 활성화하든 안 하든, 많든 적든 어느 쪽이더라도 그 나름의 맛이 있다. 이것이 빵의 재미라고 생각한다.

분포 & 종류

세계 각지에서 다양한 빵이 탄생하여 매일 소비되고 있다. 여기서는 쉽게 구할 수 있는, 이 책에 나오는 빵을 중심으로 여러 나라와 지역별 빵을 소개한다.

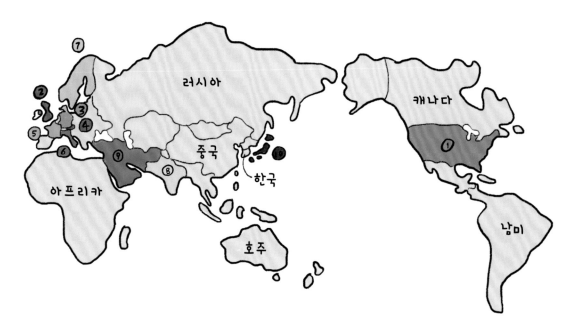

① 미국

베이글 (p.106)
빵 (햄버거용 번)
샌프란시스코 사워도우
도넛 (p.116)
머핀
시나몬롤

② 영국

산형식빵 (p.52)
잉글리시 머핀 (p.84)
크럼펫 (p.90)
스콘

③ 독일

호밀빵 (p.92)
브레첼 (p.102)
슈톨렌
베를리나 란드브로트

④ 오스트리아

카이저롤
소넨블루멘브로트
잘츠슈탕겐

⑤ 프랑스

바게트
(바게트 반죽으로 만든 그 밖의 빵/p.8)
캉파뉴 (p.28)
뤼스티크 (p.22)
팽 드 로데브 (p.22)
크루아상 (p.40)
브리오슈 (p.50)
베녜

⑥ 이탈리아

포카치아 (p.76)
치아바타 (p.77)
그리시니
로제타
파네토네
판도로

⑦ 북유럽

호밀빵 (p.92)
크네케 (p.104)
시나몬롤
데니시 페이스트리

⑧ 인도 · 파키스탄

난
바투라
차파티 (p.119)

⑨ 중동

피타 (p.65)

⑩ 일본

식빵 (p.52)
곳페빵 (p.66)
버터롤 (p.67)
소금빵 (p.75)
카레빵 (p.75)
단팥빵 (p.74)
멜론빵 (p.74)
크림빵 (p.75)
잼빵 (p.75)

● 각 나라와 지역의 빵은 식사빵, 조리빵, 간식빵 순서로 표기하였다.

맛있는 빵을 구분하는 방법

「맛있는 빵을 구분하는 방법이 있나요?」, 「빵 맛집인지 아닌지 아는 방법이 있나요?」라는 질문을 자주 받는다. 가장 좋은 방법은 직접 먹어 보는 것. 하지만 평소에 빵의 겉모습이나 향에 대한 판단을 주의깊게 내려 두면, 빵을 대하는 감각이 예민해질 것이다. 힌트가 될 만한 요소들을 적어 보았다.

1 영감을 중시한다

빵에는 절대적인 기준이 없다. 빵에 대한 기준은 사람마다 다르다. 「보기 좋다」, 「맛있어 보인다」라는 생각이 드는 빵이 여러분에게 가장 좋은 빵이라 생각한다. 「이 빵은 맛있을까?」라는 생각을 늘 하면서 빵을 접하다 보면 자신만의 기준이 생긴다. 겉모습과 실제 먹었을 때의 맛을 관련지으면서 머릿속에 데이터베이스를 쌓아두자. 그러다 보면 맛있는 빵이란 무엇인지 저절로 깨닫게 된다.

2 냄새

어떤 의미에서는 빵집에 들어가지 않고도 「맛있는 빵집인지 아는 방법」(절대적이지는 않지만)이라 볼 수 있다. 가게 밖까지 맛있는 냄새가 퍼진다면 들어가 볼 가치가 있다. 냄새는 정직하다. 냄새로 마가린인지 버터인지 알 수 있다. 발효향, 갓 구운 빵의 고소한 향, 그런 것들이 좋은 향이며 향이 풍부할수록 빵맛도 좋다. 냄새로 만드는 방법을 추측할 수도 있다.

3 구운 색

구운 색은 좀 더 알기 쉬운 단서다. 빵이 얼룩지지 않고 고르게 색이 들었다면, 실력 있는 빵집일 수 있다(장작가마에 굽는 곳이라면, 어쩔 수 없이 얼룩이 생기므로 감안해야 한다).

구운 색이 진하면 반죽에 당분이 충분히 남아서 맛있을 것 같다. 또 타기 직전까지 구웠으므로 풍미도 더 진할 것이다. 단, 색이 연하다고 해서 맛이 없는 것도 아니다. 오히려 약하게 구워서 밀 등 재료의 풍미를 살리는 방법도 있다.

구운 색을 볼 때는 바닥면을 확인하자. 오븐에는 윗불과 아랫불이 있다. 윗불이 너무 세면 빵이 그을려 보기 좋지 않으므로, 윗불은 세지 않게 조절하는 경향이 있다. 빵을 바닥면까지 뒤집어

보는 사람은 거의 없으므로, 아랫불을 세게 붙여서 충분히 익히는(즉, 구운 색이 제대로 든) 빵집은 믿을 만하다.

4 모양이 보기 좋다

가게에 진열된 빵이 모두 정확히 같은 모양과 색을 띠고 있으면 실력이 뛰어난 빵집이다. 단, 발효종을 사용한 빵은 빵효모(이스트)를 사용한 빵보다 조절이 어려워서 감안해야 한다. 국내산 밀 등도 로트에 따라 차이가 나므로, 늘 같은 형태를 만들기란 어렵다.

잘 부푼 빵은 먹음직스러워 보이지만, 반죽이 부풀수록 맛이 약해지는 경향이 있으므로 꼭 맛있다고는 볼 수 없다. 많이 부풀지 않은 빵이 오히려 맛이 진하고 맛있을 가능성이 있다. 게다가 형태가 고르지 않은 빵이라도, 성형을 되도록 자제하여 반죽에 스트레스를 주지 않고 만든 빵일지도 모르기 때문에 맛있을 수 있다. 이렇게 상반되는 요소가 있어 쉽게 결론 지을 수는 없지만, 이런 점이야말로 빵의 재미다.

5 아름다운 내상

빵을 잘랐을 때 그 단면을 「내상」이라 부른다. 바게트라면 크고 작은 기포가 불규칙하게 있어야 하고, 식빵이라면 수많은 미세한 기포가 고르게 흩어져 있어야 좋다고 여겨진다. 기포가 불규칙하면 입안에서 잘 녹고, 기포가 미세하면 식감이 부드럽다. 기포가 부풀지 않고 밀착한 것처럼 보이는 부분이 있으면 식감도 나빠진다. 윤기가 돌거나 반투명한 빵은 충분히 수화(p.125 참조)가 진행되어 입안에서 잘 녹을 것 같다. 기포막이 얇은 빵도 잘 녹는다. 내상을 볼 때는 스펀지를 떠올려 보자. 기포의 형태가 타액을 잘 빨아들일 것 같다면, 틀림없이 입안에서 잘 녹을 것이다.

빵을 손끝으로 만졌을 때 서늘함이 느껴지면 촉촉하다는 증거다. 쫄깃하다면 국내산 밀을 사용한 빵, 탱글탱글하다면 고가수(p.125 참조) 빵일 수 있다.

빵을 맛보는 방법

빵을 이야기할 때 「맛있다」, 「맛없다」고 하는 ○× 방식으로 끝내버리면 별로 즐겁지 않다. 빵에는 다양한 개성이 있다. 그 개성을 알고 기록해 두었다가, 누군가에게 전하거나 서로 대화를 나누면서 빵을 맛보면 그냥 먹기만 하는 것보다 훨씬 즐거워진다. 그런 순간에 도움이 될 만한 방법을 여기에 소개한다.

빵을 맛보는 8단계

「먹는다」는 행위를 8단계로 나누었다. 단계별로 느낀 점을 표현하고, 이를 서로 비교하다 보면 빵 전체를 표현할 수 있게 될 것이다. 처음에는 마음에 드는 표현이 나오지 않을 수 있다. 잘 못 말하면 어떡하지 하는 두려움 때문이다. 하지만 자신의 생각을 있는 그대로 드러낸 솔직한 표현이어야 빵의 특징을 정확히 집어내는 경우가 많다. 때로는 빵에 대한 표현이라고는 생각할 수 없는 엉뚱한 말이 튀어나오기도 한다. 그럴 때는 새로운 빵의 풍미를 발견했구나 하고 생각한다.

단계별로 설명과 함께 표현의 예를 적어 두었으니, 참고하기 바란다.

1 겉모습 / 보다

먼저 보는 일부터 시작한다. 처음은 겉모습이다. 빵은 생김새만으로도 많은 것을 이야기한다. p.127 「맛있는 빵을 구분하는 방법」 1, 3, 4를 참조하자.

- 색이 어둡다 / 흰 빛을 띤다 / 붉은 빛을 띤다
- 브라운 / 골든 브라운 / 다크 브라운
- 충분히 구워졌다
- 쿠프가 벌어져 있다
- 부드러워 보인다 / 단단해 보인다
- 거칠다 / 매끄럽다
- 윤기가 있다 / 없다
- 볼륨감이 있다 / 별로 없다
- 빵 표면에 작은 수포 같은 돌기가 있다

2 촉감 / 만지다

들었을 때의 무게나 만졌을 때의 감촉, 자를 때 손에 느껴지는 감각도 중요한 정보다. 떠오른 점을 말로 표현해 보자.

- 묵직하다 / 가볍다
- 매끄럽다
- 거칠다
- 울퉁불퉁하다
- 서늘하다
- 오동통하다
- 쫄깃하다
- 통통(소리)

3 내상 / 보다

겉모습뿐 아니라 속살도 관찰한다. 특히 기포는 「발효의 역사」라고도 불린다. p.127 「맛있는 빵을 구분하는 방법」 5를 참조하자.

- 노란색 / 흰색 / 갈색
- 색이 진하다 / 연하다
- 투명감이 있다
- 윤기가 있다
- 가지런한 기포
- 불규칙한 기포
- 기포가 촘촘하다
- 기포가 고르지 않다
- 기포막이 얇다 / 두껍다
- 알갱이(밀기울)가 있다
- 잘 늘어난다(세로로 긴 기포)

4 아로마 / 맡다

빵 냄새를 맡았을 때, 코를 통해 들어오는 향을 표현해 보자. 아로마는 미세한 향 성분이 분산되어 코로 들어올 때의 향이다. 7가지 플레이버(입안에서 코로 빠져나갈 때의 향)와 구별하자.

- 고소하다
- 발효향
- 코끝이 찡하다
- 감칠맛
- 쓴맛
- 시큼하다
- 과일향
- 빵효모(이스트)의 향
- 밀가루와 물을 섞었을 때의
- 버터 같은
- 치즈 같은
- 아몬드 같은
- 헤이즐넛 같은
- 올리브오일 같은
- 와인 같은
- 커피 / 코코아 같은
- 간장 / 된장 같은
- 말린 새우 같은
- 콩 / 버섯 같은
- 참깨 같은

5 식감 / 씹다

드디어 먹는 단계다. 빵을 먹을 때는 우선 씹어야 한다. 껍질과 속살을 나누어 먹으면 더욱 파악하기 쉽다. 껍질은 특히 씹을 때 느껴지는 충격이 치아를 진동시켜, 뇌로 전해지는 골전도를 의식하면 의성어로 변환하기 쉽다. 또 입술에 닿는 방식, 혀의 감촉 등도 식감에 포함된다.

껍질

- 바삭바삭
- 파삭파삭
- 단단하다
- 살짝 구운 전병 같은
- 웨하스같이 잘 부서지는 느낌

속살

- 꽉 찬
- 폭신한
- 하늘하늘
- 촉촉한
- 쫄깃한
- 탱글탱글
- 쉽게 풀어지는

6 입안에서 녹는 느낌 / 맛보다 (전)

입안에 들어온 빵이 혀에 닿을 때, 맛이 생겨난다. 동시에 타액과 섞이거나 녹기 시작하면서 맛도 변화해 간다. 녹는 방식도 중요한 요소다.

맛

- 달다 / 맵다 / 쓰다 / 짭짤하다 / 시큼하다
- 감칠맛이 있다
- 부드럽다
- 진하다
- 밀키하다

녹는 방식

- 빠르다(좋다) / 느리다(나쁘다) / 서서히
- 사르르
- 달다
- 흐물흐물
- 걸쭉하다

7 플레이버 / 맛보다 (후)

타액에 녹은 수용성 향 성분이 코를 통해 빠져나갈 때의 향이다. 혀로 느끼는 맛과 구분된다. 입안에서 느끼는 풍미의 약 90%가 사실은 플레이버(향)라고 한다. 플레이버가 풍부하거나 오래 지속되는 빵은 품질이 좋은 밀, 호밀을 사용했다고 볼 수 있다.

- 화려하다
- 맑다
- 미네랄향
- 기름지다
- 꽃향기
- 알싸하다
- 곡물향
- 과일향(멜론 / 복숭아 / 사과 / 바나나)
- 견과류(참깨 / 아몬드 / 땅콩 / 헤이즐넛)
- 잎채소 같은(셀러리 / 무 / 연근)
- 술 같은(브랜디 / 와인)
- 전분가루 느낌
- 쌀 같은
- 치즈 같은
- 옥수수 같은

8 목 넘김 · 뒷맛 / 여운

빵을 삼킬 때나 삼킨 다음에도 맛, 식감은 존재한다. 목 넘김, 삼킨 후의 뒷맛이 여기에 해당한다.

목 넘김

- 목에서 단맛이 느껴진다
- 목에서 잘 넘어간다 (목 넘김이 좋다)

뒷맛

- 감칠맛
- 신맛
- 단맛
- 산뜻하다
- 알싸하다
- 여운이 오래 남는다
- 불쾌한 느낌이 남는다

2 볼에 달걀을 깨뜨려 넣고, 젓가락으로 충분히 푼다.

3 프라이팬을 중불에 올리고, 버터 1/2 분량을 넣어 녹인다.

4 3에 2를 흘려 넣어 둥글게 펼치고, 가운데에 1을 올린다. 빵 양쪽 면에 달걀물이 묻도록 빵만 바로 뒤집는다.

5 4를 달걀이 묻은 채로 뒤집으면서 남은 버터를 더 넣는다. 빠져나온 달걀은 빵 크기에 맞게 안쪽으로 접는다.

6 5의 절반에 치즈를, 나머지 절반에 잼을 올리고 접어서 겹친다.

7 6을 뒤집으면서 치즈가 녹을 때까지 굽는다.

＊ 잼 대신 햄을 넣어도 좋다.

육류가공품 → p.33 / p.34 / p.51 / p.110~112

햄 → p.45 / p.48 / p.64 / p.70 / p.72 / p.86 / p.105 / p.112

한국이나 일본에서는 로스햄이 주류이지만, 유럽에서는 본레스햄(돼지 뒷다릿살로 만든 햄)이 일반적이다. 이 책에서는 고기다운 식감과 풍미가 있는 본레스햄 사용을 추천한다(잉글리시 머핀과 p.64는 예외로 로스햄 사용).

그 밖에도 소고기로 진한 맛을 내는「파스트라미」나 칠면조로 담백한 맛을 내는「터키햄」등, 돼지가 아닌 고기로 만든 햄도 샌드위치에 많이 쓰인다.

어울리는 빵

파스트라미는 호밀빵 / 깨가 붙어 있는 빵, 터키햄은 흰 빵 계열

본레스햄 마리네이드 → p.11

재료

본레스햄 2장(40g)

화이트와인(가능하면 쓴맛) 적당량

후추 조금

만드는 방법

1 밀폐용기에 햄을 넣고(겹쳐도 좋다), 햄이 잠길 정도로 화이트와인을 부은 다음 후추를 뿌린다.

2 1을 냉장고에 최소 10분 넣어 둔다. 사용할 때는 화이트와인을 키친타월로 가볍게 닦아낸다.

맛있게 먹는 방법

• 햄이 들어가는 모든 샌드위치에 넣을 수 있다.

샐러드 치킨

2000년 들어 일본에서 개발한 닭고기 가공품이다. 샌드위치에는 닭고기의 형태가 남아 있는 플레인(소금맛)을 추천한다. 맛이 담백하지만, 햄과 비슷한 정도의 염분이 들어 있어 햄 대용품으로도 쓸 수 있다.

어울리는 빵

흰 빵 계열

맛있게 먹는 방법

• 샐러드 치킨을 주사위모양으로 잘라 홀그레인 머스터드에 버무리고, 양상추와 함께 넣는다.

• 샐러드 치킨을 얇게 잘라 후추를 뿌리고, 양파와 피망 슬라이스, 마요네즈와 함께 넣는다.

생햄 → p.18 / p.21 / p.24 / p.34 / p.83 / p.111 / p.112

외국산 생햄으로 스페인의「하몽 세라노」,「하몽 이베리코(이베리코 돼지로 만들어 하몽 세라노보다 맛이 진한 생햄)」, 이탈리아의「프로슈토」,「카포콜로」등이 있다.

하몽 세라노와 프로슈토는 만드는 방법이 조금 달라서 전자는 고기의 진한 풍미, 감칠맛, 짭짤한 맛이 더 많이 느껴지고, 후자는 촉촉하며 부드러운 식감에 짭짤한 맛도 적당하다.

「이탈리아 빵에는 이탈리아 생햄」이 가장 어울리겠지만, 아래 내용을 참고하여 빵을 골라도 좋다. 또 생햄을 가볍게 익히면 색다른 맛을 느낄 수 있다.

모든 생햄에 어울리는 빵

바게트 / 뤼스티크 / 팽 드 로데브

하몽 세라노, 하몽 이베리코, 카포콜로에 어울리는 빵

호밀빵 / 캉파뉴

프로슈토, 일본산 생햄에 어울리는 빵

식빵 / 베이글

살라미 / 드라이소시지 → p.34 / p.113

샌드위치용으로는 밀라노 살라미(지름 약 10cm)처럼 면적이 넓은 것을 사용한다. 지름 4cm 내외인 가는 살라미는 피자 토스트(p.60 참조)나 오픈샌드위치에 적합하다. 초리조(p.34 참조)는 매콤한 소시지로, 이 책에서는 살라미 타입을 사용한다.

맛있게 먹는 방법

• 치아바타나 뤼스티크 안쪽에 올리브오일을 두른 다음 채소구이(p.150 참조), 얇게 깎은 파르미자노 레자노와 함께 넣는다.

소시지 → p.68 / p.96

일본농림규격(JAS)에는 다음과 같이 정해져 있지만, 훈제 여부나 고기를 가는 방법 등 만드는 방법에 따라 다양한 타입이 있다.

	비엔나소시지 p.51, p.73	프랑크푸르트 소시지 p.101	볼로냐소시지 p.101
역사	양의 창자에 채웠다	돼지의 창자에 채웠다	소의 창자에 채웠다
굵기	20mm 미만	20mm 이상 36mm 미만	36mm 이상
종류			모타델라(이 / p.82, p.83) 비어슁켄(독)

비엔나소시지와 프랑크푸르트소시지는 가열한 다음 사용한다.「데친 다음 굽는 것」을 추천한다. 구멍이나 칼집을 내고 80℃ 정도의 뜨거운 물에 몇 분 데친 다음, 적은 양의 기름으로 표면에 구운 색이 들 때까지 굽는다.

베이컨 / 판체타

둘 다 기본적으로는 돼지 삼겹살로 만든 가공품이다.
베이컨(p.75, p.87)은 국내산이 주류이며, 생산업체에 따라 맛이 크게 달라진다. 직사각형 형태로 다듬어진 베이컨보다, 고기의 자연스러운 형태를 살린 베이컨을 추천한다.
판체타(p.34, p.39, p.89)는 지방에서 독특한 감칠맛과 진한 풍미가 나기 때문에 베이컨 대신 사용하면 더욱 깊은 맛이 난다. 되도록 이탈리아산을 사용한다.

바삭바삭 베이컨 → p.91 / p.112 / p.113
재료
베이컨 적당량
식물성기름 조금
만드는 방법
1 베이컨은 반으로 자른다. 프라이팬에 중불로 기름을 가열하고, 바삭해질 때까지 굽는다.

간단 바삭바삭 베이컨
재료
베이컨 적당량
만드는 방법
1 베이컨은 반으로 자른다.
2 키친타월을 깐 내열접시에 1을 나란히 올리고, 또 다른 키친타월 1장을 덮는다.
3 2를 전자레인지(500W)에 넣고, 상태를 보면서 30초씩 가열한다.
＊ 가로세로 1cm 크기의 베이컨도 동일한 방법으로 가열한다.

메이플베이컨 / 허니 베이컨 → p.49 / p.87 / p.111 / p.115
재료
바삭바삭 베이컨 적당량
메이플시럽(또는 꿀) 적당량
만드는 방법
1 접시에 메이플시럽을 붓고, 바삭바삭 베이컨(위 참조)의 한쪽면 또는 양쪽면을 담근다.

콘비프 → p.16
일본에서는 일반적으로 잘게 나눈 소고기 통조림을 가리키지만 유럽, 미국에서「콘비프」라고 하면「소금에 절인 소고기」를 뜻한다고 한다.
콘비프를 샌드위치에 사용할 때는 내열볼에 넣어 비닐랩을 씌우고, 전자레인지(500W)에 가열한(25g일 경우 10~20초 내외) 다음 잘 풀어서 사용한다.
맛있게 먹는 방법
호밀빵(가벼운 것)에 사우어크라우트(p.146 참조)와 함께 넣는다.

스팸
소시지 재료를 틀에 채운 것을「런천미트」라 하는데, 그중에서도 대표적인 상품이「스팸」이다. 두께 5~8mm로 잘라, 적은 양의 기름으로 표면에 눋은 자국이 들 때까지 구운 다음 사용한다.
맛있게 먹는 방법
• 양배추를 채썰어 마요네즈와 함께 넣고 섞는다.
• 가다랑어다시 달걀(달걀 2개, 물 2큰술에 과립형 가츠오부시 조미료 1/4 봉지 분량을 잘 녹이고, 달걀과 함께 섞어 달걀말이를 만든다), 양상추, 오로라소스(마요네즈 : 케첩 = 1 : 1)와 함께 넣는다.

소고기

레몬그라스 풍미 소고기 → p.15
재료(곳페빵 4개 분량)
얇게 썬 소고기 150g
양파 1/2개(125g)
양념장
　마늘 1/2쪽(2.5g)
　레몬그라스(말린/잎) 10줄기
　물 2작은술
　설탕 2작은술
　베이킹소다 1/3작은술
　굴소스 1큰술
　느억맘 1큰술
　꿀 1작은술
　후추 1/4작은술
식물성기름 1/2큰술
만드는 방법
1 양념장을 만든다. 마늘은 갈고, 레몬그라스는 가위로 되도록 잘게 자른다.
2 볼에 물, 설탕, 베이킹소다를 넣고 작은 거품기로 휘저으면서 설탕을 잘 녹인다.
3 2에 1, 나머지 재료를 넣고 잘 섞는다.
4 3에 소고기를 넣고 잘 주무른다. 비닐랩을 씌우고 냉장고에 최소 1시간 넣어 둔다.
5 양파는 얇게 썰고, 소고기는 불필요한 양념장을 털어낸다. 털어낸 양념장은 따로 둔다.
6 프라이팬에 기름을 중불로 가열하고, 5의 양파를 넣어 투명해질 때까지 볶는다.
7 6에 5의 소고기를 넣고 1~2분 볶는다.
8 7에 5의 양념장을 넣고 가볍게 조린다.

즉석 로스트비프 → p.62
재료
얇게 썬 소고기(설도) 250~300g
소금 1/4작은술
후추 적당량
올리브오일 1큰술
만드는 방법
1 볼에 소고기를 넣고 소금, 후추를 전체에 뿌린 다음 손으로 가볍

게 주무른다.

2 넓게 편 비닐랩 위에 **1**을 겹겹이 쌓아서 두께 3~4㎝의 덩어리로 만든다. 고기 전체에 후추를 뿌린다.

3 **2**를 비닐랩으로 덮고 냉장고에 최소 10분 넣어 둔다.

4 프라이팬에 중불로 올리브오일을 가열하고 **3**을 넣어 위아래 양쪽 면을 2분씩, 옆면 4곳을 1분씩, 전체에 구운 색이 들 때까지 굽는다.

5 **4**를 알루미늄포일, 키친크로스 순서로 감싸서 상온에 15분 둔다.

홈메이드 솔트비프 → p.114
재료(베이글 2개 분량)
소고기 목심(덩어리) 300g
양파 1/2개
소금 10g
월계수잎 2장
후추(흑/홀) 10알

만드는 방법

1 소고기 전체에 소금을 문질러 지퍼백에 담는다. 냉장고에 최소 하룻밤 넣어 둔다.

2 냄비에 **1**을 넣고, 소고기가 잠길 정도의 물(분량 외)을 부은 다음 4등분한 양파, 월계수잎, 가볍게 으깨어 향을 낸 후추를 넣는다. 뚜껑을 덮고 센불에 올린다.

3 **2**가 끓으면 거품을 걷어내고, 다시 뚜껑을 덮어 약불에 1시간 ~1시간 30분 조린다.

4 고기가 흐물흐물해지면 냄비에서 꺼내고, 트레이에 올려 상온에 식힌다.

맛있게 먹는 방법
• 토스트한 식빵에 양상추 머스터드(p.143 참조)와 함께 넣는다.

닭고기 → p.32

찜닭 / 닭고기구이 / 닭 소테 → p.112
재료
닭다릿살 1장(300g)
소금 1/4작은술
화이트와인(또는 사케) 1큰술
올리브오일(또는 식물성기름) 1큰술
마늘(간) 1쪽(5g)

만드는 방법

1 닭고기는 흐르는 물에 잘 씻고, 키친타월로 물기를 완전히 제거한다. 포크로 껍질 여러 곳에 구멍을 낸다.

2 내열볼에 **1**, 나머지 재료를 넣고 잘 주무른다.

3 **2**에 비닐랩을 씌우고 냉장고에 최소 15분 넣어 둔다.

4 (찜닭) 비닐랩을 씌운 채로 전자레인지(500W)에 약 2분 가열하고, 뒤집어서 다시 약 2분 가열한다.
(닭고기구이) 볼에서 꺼내어, 220℃로 예열한 오븐에 껍질이 위를 향하게 놓고 40분 내외로 굽는다. 표면이 탈 것 같으면 알루미늄포일을 씌운다.

(닭 소테) 프라이팬에 중불로 올리브오일 1큰술(분량 외)을 가열하고, 닭껍질이 아래를 향하게 놓은 다음 껍질에 구운 색이 들 때까지 굽는다. 뒤집어서 약불로 줄이고, 뚜껑을 덮은 다음 속까지 완전히 익힌다.

찜닭에 어울리는 빵
바게트 / 식빵 (전립분 · 깨 포함) / 베이글(통밀 · 참깨)

찜닭을 맛있게 먹는 방법
• 반미용 당근라페(p.147 참조), 코리앤더(생)와 함께 넣는다.
• 땅콩마요네즈(p.154 참조)를 바른 빵에 양상추와 함께 넣는다.

닭고기구이 / 닭 소테를 맛있게 먹는 방법
• 닭에 로즈메리마요네즈(p.154 참조)를 바르고, 원하는 잎채소와 함께 넣는다.
• 빵에 머스터드 & 페퍼 버터(p.157 참조)를 바른 다음, 프라이팬에 구워 허브솔트를 뿌린 토마토 슬라이스와 함께 넣는다.

닭고기햄
재료
닭가슴살 1장(300g)
설탕 1큰술
소금 1작은술
후추 적당량
월계수잎 2장

만드는 방법

1 지퍼백에 닭고기를 넣어 양쪽면에 설탕, 소금을 뿌린 다음 지퍼백을 닫고 잘 주무른다.

2 **1**을 냉장고에 최소한 하룻밤 넣어 둔다.

3 **2**를 흐르는 물에 잘 씻고, 키친타월로 물기를 완전히 제거한다.

4 **3**의 가운데에 칼집을 내고, 일정한 두께로 얇게 저며 좌우로 넓게 펼친다.

5 30×30㎝의 비닐랩 위에 **4**를 껍질이 아래를 향하게 놓고, 전체에 후추를 뿌린다.

6 **5**의 닭고기만을 앞쪽부터 단단히 말고, 비닐랩으로 싸서 양끝을 요리용 실로 묶는다.

7 냄비에 뜨거운 물을 가득 담아 끓이고, **6**과 월계수잎을 넣은 다음 중불로 20분 데친다.

8 불을 끄고 10분 동안 그대로 둔다.

＊ 따뜻한 채로 먹어도, 식혀서 먹어도 맛있다.
식힐 때는 한 김 식힌 다음, 비닐랩에 싼 채로 냉장고에 넣는다.

맛있게 먹는 방법
• 닭고기햄(두께 5㎜로 슬라이스)에 겨자 머스터드(p.154 참조)를 바르고, 양파 슬라이스와 함께 넣는다.
• 닭고기햄(두께 5㎜로 슬라이스)에 참깨 마요네즈(p.154 참조)를 바르고, 원하는 잎채소와 함께 넣는다.

샤퀴트리 → p.32 / p.34 / p.51
여기서는 직접 만든 재료를 주로 소개한다. 닭모래집 콩피 외에는 맛있게 먹는 방법이나 어울리는 빵이 같으므로 아래에 정리하였다. 시판 샤퀴트리도 같은 방법으로 먹는다.

맛있게 먹는 방법

• 빵과 함께 내놓고, 빵에 발라서 맛본다.

• 빵에 버터, 디종머스터드(가능하면)를 순서대로 바르고, 코니숑 (p.149 참조)과 함께 넣는다. 아니면 오픈샌드위치로 만든다.

파테 드 캉파뉴 → p.34 / p.51

재료(18 × 8 × 높이 6㎝ 파운드틀 1개 분량)

다진 돼지고기 500g

닭간 80g

판체타 80g

달걀 1개

마늘(간) 1쪽(5g)

소금 1작은술

양주(브랜디, 위스키 등) 1큰술

후추(흑 / 홀) 15알

월계수잎 2장

만드는 방법

1 간은 지방, 힘줄, 핏덩어리를 제거하여 흐르는 물에 깨끗이 씻고 (잡내가 신경쓰일 경우 분량 외의 우유에 잠깐 담근다), 키친타월로 물기를 완전히 제거한다.

2 1과 판체타를 다진다.

3 볼에 다진 고기, 2, 마늘, 소금을 넣고 찰기가 생길 때까지 손으로 잘 반죽한다.

4 3에 달걀, 양주를 넣고 달걀이 고기에 스며들 때까지 잘 섞는다.

5 4에 가볍게 으깨어 향을 낸 후추를 넣고, 가볍게 섞는다.

6 틀 안쪽에 버터(분량 외)를 바르고, 고무주걱으로 5를 빈틈없이 채 운다. 표면을 평평하게 만들고, 반으로 접은 월계수잎을 올린다.

7 6의 윗면을 알루미늄포일로 덮고, 이쑤시개로 전체에 공기구멍 을 낸다.

8 뜨거운 물을 채운 오븐팬에 7을 올리고, 180℃로 예열한 오븐에 약 50분 굽는다.

9 8의 알루미늄포일을 벗기고, 표면에 구운 색이 들 때까지 10~20 분 더 굽는다.

돼지고기 리예트 → p.34 / p.35

재료

돼지고기 삼겹살(덩어리) 300g

양파 1/2개(125g)

마늘 4쪽(20g)

타임(생 / 가능하면) 2줄기

올리브오일 1큰술

화이트와인 50㎖

물 200㎖

소금 3/4작은술

월계수잎 2장

후추(흑 / 홀) 5알

만드는 방법

1 돼지고기는 한입크기로 썬다. 양파는 굵게 다지고, 마늘은 반으로 썰어 으깬다.

2 냄비에 올리브오일, 1의 마늘을 넣고 중불에 올려, 마늘이 살짝 노릇해질 때까지 가열한다.

3 2에 1의 돼지고기를 비계가 아래를 향하게 넣고, 구운 색이 들 때 까지 볶는다. 마늘은 갈색으로 변하면 꺼내 둔다.

4 3에 1의 양파를 넣고, 양파가 투명해질 때까지 볶는다.

5 4에 화이트와인을 붓고, 알코올이 날아가도록 볶는다.

6 5에 물, 소금, 반으로 접은 월계수잎, 타임 줄기, 살짝 으깨어 향 을 낸 후추, 3의 마늘을 넣고 뚜껑을 덮은 다음 센불에 올린다.

7 6이 끓으면 거품을 걷어내고, 다시 뚜껑을 덮어 약불에 약 1시간 조린다. 중간에 수분이 부족해지면 적은 양의 물(분량 외)을 보충 한다.

8 고기가 흐물흐물해지면 불에서 내리고 허브류를 건져 낸다.

9 8을 핸드블렌더로 곱게 간다. 맛을 보고 소금(분량 외)으로 간을 한다.

10 9를 다시 중불에 올리고, 탁해진 돼지기름이 투명하게 변할 때까 지 조린다. 기름만 따로 다른 볼에 옮긴다(2~3분 조려도 기름이 나 오지 않으면 불에서 내린다).

11 10의 고기 부분을 끓는 물로 소독한 보관용기에 담은 후, 10의 기 름을 붓고 뚜껑을 닫는다.

간단한 간페이스트 → p.34 / p.96

재료(약 150㎖)

닭간(염통은 사용하지 않는다) 100g

우유 100㎖

버터 70g

소금 1/2작은술

식물성기름 1큰술

양주(브랜디, 위스키 등) 1큰술

후추 조금

만드는 방법

1 간은 지방, 힘줄, 핏덩어리를 제거하고, 흐르는 물에 깨끗이 씻는다.

2 볼에 우유, 소금을 넣고 손으로 잘 휘저은 다음 1을 최소 15분 담근다.

3 버터를 가로세로 1㎝ 크기로 깍둑썰기한다.

4 2를 체에 올리고, 키친타월로 물기를 완전히 제거한다.

5 프라이팬에 기름을 중불로 가열하고, 4를 넣어 한쪽면에 구운 색 이 들 때까지 굽는다.

6 5를 뒤집어 양주를 두른 다음, 불을 끄고 5~10분 그대로 둔다. 가장 큰 간을 잘라서 속까지 익었는지 확인한다.

7 6이 한 김 식으면 푸드프로세서에 넣고 3의 버터, 후추도 더하여 페이스트 상태가 될 때까지 섞는다.

8 맛을 보고 소금(분량 외)으로 간을 한다.

9 8을 용기에 담아 비닐랩을 씌우고, 버터가 굳을 때까지 냉장고에 넣어 둔다.

* 닭꼬치집에서 파는 닭간을 으깨기만 해도 간페이스트와 비슷하

게 만들 수 있다. 양념구이든 소금구이든 상관없다. 양념구이인 경우 양념을 물로 씻어내고, 키친타월로 물기를 닦아낸 후 으깨야 한다.

어울리는 빵

캄파뉴 / 호밀빵 / 바게트 / 뤼스티크 / 팽 드 로데브

맛있게 먹는 방법

- 바게트에 간단한 간페이스트를 바르고 본레스햄, 반미용 당근라 페(p.147 참조), 오이 슬라이스, 고수(생)를 함께 넣는다.

닭모래집 콩피 → p.18

재료

닭모래집(슬라이스) 100g

마늘(간) 1쪽(5g)

타임(가능하면 생) 1줄기

올리브오일 1큰술

소금, 후추 조금씩

만드는 방법

1 닭모래집은 흐르는 물에 깨끗이 씻고, 키친타월로 물기를 완전히 제거한다.

2 2겹으로 싼 비닐봉지에 1, 소금, 후추를 넣고 잘 주무른다.

3 2에 마늘, 타임잎, 올리브오일을 넣고, 다시 잘 주무른 다음 입구 를 단단히 동여맨다.

4 보온용기(보온병이나 전기밥솥의 보온기능 등)에 3과 뜨거운 물을 붓고, 뚜껑을 덮어 2시간 동안 그대로 둔다.

어울리는 빵

캄파뉴 / 호밀빵

생선 · 수산가공품

[어패류]

고등어

홈메이드 훈제고등어

재료

자반고등어 4토막(3장뜨기에서 뼈가 없는 쪽)

홍차(여러 번 우리고 남은 찻잎) 50g

설탕(가능하면 자라메 설탕) 1큰술

만드는 방법

1 중화냄비에 알루미늄포일을 깔고, 바닥에 홍차를 넓게 올린다. 설 탕을 뿌리고(찻잎 밖으로 빠져나오지 않게, 전체에 골고루 뿌린다), 둥근 석쇠를 올린다.

2 뚜껑 안쪽에도 알루미늄포일을 붙여 1에 덮고, 센불에 올린다.

3 2에서 연기가 나기 시작하면, 고등어를 껍질이 밑을 향하게 석쇠 에 나란히 올린다. 뚜껑을 덮고, 약불로 줄여 한쪽면을 4분씩 가 열한다.

4 불을 끄고 뚜껑을 덮은 채로 5분 동안 둔다.

* 중화냄비는 철제를 사용한다.

맛있게 먹는 방법

- 훈제고등어에 레몬즙, 간장을 뿌리고 찐 양상추(p.143 참조), 마 요네즈와 함께 넣는다.
- 훈제고등어를 잘게 나누어 마요네즈에 버무리고, 양파 슬라이스 (가능하면 적양파), 원하는 잎채소와 함께 넣는다.

연어

구운 연어샐러드 → p.112

재료(베이글 3개 분량)

구운 연어

연어(토막썰기한) 1토막(125g)

식물성기름 1/2큰술

셀러리(줄기) 30g

딜(생) 5줄기

레몬즙 1작은술

마요네즈 2+1/2큰술

디종머스터드 1/4작은술

후추 조금

만드는 방법

1 연어를 굽는다. 프라이팬에 기름을 중불로 가열하고, 연어를 넣어 양쪽면을 가볍게 굽는다. 살을 풀어주면서 완전히 익을 때까지 볶 는다.

2 1을 키친타월 위에 옮겨, 남은 기름을 제거한다.

3 셀러리는 심을 제거하여 다지고, 딜(잎만)도 다진다.

4 볼에 나머지 재료를 넣고 잘 섞는다.

5 4에 완전히 식은 2, 3을 넣고 잘 버무린다.

* 생연어 대신 연어 통조림을 사용해도 좋다. 국물을 완전히 제거하 고, 동일한 방법으로 기름에 볶는다.

어울리는 빵

식빵 / 베이글

맛있게 먹는 방법

- 베이글에 오이 마리네이드(p.144 참조)와 함께 넣는다.

스파이시 슈림프

재료(p.80~81 포카치아 2개 분량)

새우(머리 제거 / 블랙타이거 등) 6마리

마늘 1쪽(5g)

고추 1개

올리브오일 2큰술

코리앤더(파우더) 1/4작은술

만드는 방법

1 새우는 껍질, 꼬리, 등쪽 내장을 제거한 다음 깨끗이 씻는다. 키친 타월로 물기를 닦아내고 한입크기로 썬다.

2 마늘은 다지고, 고추는 씨를 제거하여 둥글게 썬다.

3 프라이팬에 올리브오일과 2를 넣고 중불에 올린 다음, 마늘이 살 짝 노릇해질 때까지 가열한다.

4 3에 1, 코리앤더를 넣고 새우가 가볍게 익을 때까지 볶는다.

맛있게 먹는 방법

- 포카치아를 수평으로 자르고 과카몰리(p.145 참조), 스파이시 슈림프를 순서대로 넣는다.

[어란] → p.34 / p.51

빵과 잘 어울리는 어란으로는 명란젓 / 백명란, 연어알 / 연어알젓, 캐비어, 가라스미(숭어 등의 난소를 소금에 절여 말린 것)가 있다.

명란젓 / 백명란

명태의 알을 소금에 절인 것이 백명란, 명란에 고춧가루를 넣어 소금에 절인 것이 명란젓이다.

명란버터

재료

명란젓(어란만) 30g(1/3개 분량)

버터(상온에 둔) 50g

레몬즙 1작은술

만드는 방법

1 볼에 버터를 넣고, 고무주걱으로 크림 상태가 될 때까지 치댄다.
2 1에 나머지 재료를 넣고, 균일해질 때까지 부드럽게 섞는다.

명란사워크림 → p.91

재료

명란젓(어란만 사용) 30g(1 / 3개 분량)

사워크림 60g

후추 조금

만드는 방법

1 볼에 사워크림을 넣고 고무주걱으로 부드러워지도록 풀어준다.
2 1에 나머지 재료를 넣고, 균일해질 때까지 부드럽게 섞는다.

어울리는 빵

호밀빵(묵직한 것) / 캉파뉴 / 피타 / 크럼펫 (p.90)

맛있게 먹는 방법

- 호밀빵(묵직한 것)에 바르고, 대파(녹색과 흰색의 중간인 연녹색 부분)를 다져서 올린다.
- 얇게 썬 호밀빵(묵직한 것), 캉파뉴, 피타 등 플랫브레드에 곁들여 딥소스로 활용한다.

명란프랑스

재료

명란젓(어란만) 40g

마늘(간) 1/2쪽(2.5g)

파슬리(생 / 잎 / 다진) 조금

마요네즈 10~15g

버터 10~15g

바게트 1/2개

만드는 방법

1 볼에 명란젓, 마요네즈, 마늘을 넣고 고무주걱으로 잘 섞는다.

2 빵에 세로로 칼집을 내고, 안쪽에 버터를 바른다.
3 2에 1을 채우고, 마요네즈에 구운 색이 들 때까지 오븐토스터로 10분 굽는다. 중간에 빵이 탈 것 같으면 알루미늄포일을 덮는다.
4 3에 파슬리를 뿌린다.

[수산가공품] → p.34 / p.110 / p.112

참치 통조림

참치 통조림의 원료는 참치(날개다랑어, 황다랑어 등)와 조금 저렴한 가다랑어이며, 기름에 절인 것과 물에 삶은 것, 플레이크와 블록 등의 형태, 염분량 등 업체마다 맛이 다르다. 이 책에서는 기름에 절인 참치 통조림(내용량 70g / 기름 제거하면 60g)을 사용한다.

참치샐러드 → p.45 / p.62

재료

참치 통조림 1캔 (70g)

마요네즈 1+1/2큰술 (15g)

후추 조금

만드는 방법

1 볼에 기름을 제거한 참치를 넣고 풀어준다.
2 1에 나머지 재료를 넣고 잘 버무린다.

어울리는 빵

식빵 / 베이글

맛있게 먹는 방법

- 채썬 셀러리와 함께 넣는다.
- 홈메이드 피클(p.149 참조)과 함께 넣는다.

카레참치 → p.112

재료

참치 통조림 1캔(70g)

마요네즈 3/4큰술

카레가루 1/4작은술

후추 조금

만드는 방법

1 볼에 기름을 제거한 참치를 넣고 풀어준다.
2 1에 나머지 재료를 넣고 잘 버무린다.

어울리는 빵

식빵(전립분) / 베이글(통밀)

맛있게 먹는 방법

- 오이 슬라이스(또는 오이 마리네이드 / p.144 참조)와 함께 넣는다.

레몬 로즈메리 참치

재료

참치 통조림 1캔(70g)

레몬껍질(간 / 가능하면 국내산) 1/2개 분량

레몬즙 1~2작은술

로즈메리(생 / 잎 / 다진) 10줄기 분량

마요네즈 1큰술

만드는 방법

1 볼에 기름을 제거한 참치를 넣고 풀어준다.

2 1에 나머지 재료를 넣고 잘 버무린다.

어울리는 빵

포카치아 / 치아바타 / 바게트 / 식빵

맛있게 먹는 방법

· 어린잎채소, 가볍게 으깨어 향을 낸 핑크페퍼와 함께 넣는다.

고등어 통조림 → p.98

고등어 페이스트

재료

고등어 통조림(물에 삶은) 30g

훈제정어리(가능하면) 20g

크림치즈 70g

라임즙 2작은술

후추 조금

만드는 방법

1 절구에 고등어와 정어리를 넣고, 페이스트 상태가 될 때까지 절굿공이 등으로 으깬다.

2 1에 나머지 재료를 넣고 잘 섞는다.

＊ 라임은 카보스(유자의 일종), 스다치(영귤), 유자 등 다른 감귤로 대체해도 좋다.

＊ 다진 양파나 셀러리, 잘게 썬 아몬드 등 견과류를 더해도 맛있다.

맛있게 먹는 방법

· 푸른 차조기잎과 함께 넣는다.

· 얇게 자른 호밀빵, 캉파뉴에 딥소스로 곁들인다.

고등어 통조림 딜마요네즈 무침 → p.105

재료(크네케 2개 분량)

고등어 통조림(물에 삶은) 50g

딜마요네즈

　마요네즈 10g

　딜(말린) 1/4작은술

만드는 방법

1 딜마요네즈를 만든다. 볼에 모든 재료를 넣고 잘 섞는다.

2 1에 고등어를 넣고 풀어주면서 버무린다.

훈제연어

→ p.34/p.35/p.45/p.91/p.99/p.112/p.113/p.114

소금에 절인 연어를 훈제한 것. 지방의 감칠맛을 포함한 진한 식감과 훈제향이 특징이다. 레몬즙이나 식초 등 신맛이 나는 소스를 뿌리고 케이퍼, 딜, 양파 슬라이스 등을 곁들이면 한층 풍미가 살아난다. 크림치즈나 아보카도와도 잘 어울린다.

정어리

정어리 가공품 중에서 빵과 가장 잘 어울리는 것은 오일정어리와 훈제정어리(p.34, p.39)일 것이다. 2가지 모두 기름을 제거하여 그대로 사용해도 좋고, 프라이팬에 구워 사용해도 좋다. 오일정어리 통조림은 들어가는 재료에 따라 종류가 다양한데, 올리브오일 절임 등 일반적인(플레인) 오일 절임이나 고추가 들어간 것을 사용하자.

정어리 통조림 아히요

재료

오일정어리(통조림 / 플레인) 1캔

마늘 1쪽(5g)

레몬(두께 5mm로 둥글게 썬) 1장

고추 2개

소금, 후추 조금씩

만드는 방법

1 마늘은 얇게 썰고, 고추는 씨를 제거하여 반으로 자른다.

2 정어리 통조림은 뚜껑을 제거하여 1을 올리고 소금, 후추를 뿌린다.

3 2의 가운데에 레몬을 올리고, 캔째로 약불에 올린다. 기름이 끓는 상태를 유지하면서 정어리에 구운 색이 들 때까지 가열한다.

＊ 중간에 기름이 소리를 내며 튀기 시작하면, 캔의 내용물을 내화용기에 옮겨서 가열한다.

맛있게 먹는 방법

· 얇게 잘라 토스트한 바게트나 식빵에 곁들인다.

안초비(멸치)

안초비(멸치) 가공품 중에서 빵과 잘 어울리는 것은 안초비 필레와 안초비 페이스트다. 2가지 모두 그대로 먹으면 짠 데다 생선의 감칠맛이 너무 강하므로, 다른 재료와 섞어서 사용한다.

앙슈아야드 → p.34

재료

안초비 필레 8개(30g)

마늘 1쪽(5g)

파슬리(생/잎/다진) 1큰술

레몬즙 2작은술

올리브오일 1큰술

고추(둥글게 썬) 1/2개

만드는 방법

1 안초비, 마늘은 다진다.

2 작은 프라이팬에 올리브오일, 1을 넣고 중불에 올린 다음 마늘이 노릇해질 때까지 가열한다.

3 2에 나머지 재료를 넣고, 잘 섞으면서 한 번 끓인다.

＊ 짠맛이 강하므로, 빵에는 적은 양을 바른다(캉파뉴 1장당 1/2작은술 정도).

어울리는 빵

캉파뉴 / 뤼스티크 / 팽 드 로데브 / 바게트

맛있게 먹는 방법

· 바게트에 바르고, 슬라이스한 완숙달걀(p.134 참조), 토마토 슬라이스, 어린잎채소를 함께 넣는다.

- 캉파뉴에 바르고 토마토 슬라이스, 슈레드치즈를 순서대로 올려 오븐토스터에 굽는다.

게살 통조림

비싼 게를 부담 없는 가격에 맛볼 수 있는 게살 통조림. 게살 통조림의 원료로는 무당게, 대게, 꽃게 등이 쓰이는데, 종류에 상관없이 모두 빵과 잘 어울린다.

맛있게 먹는 방법

- 게살 부침개(달걀 1개, 게살 통조림 / 국물 포함 20g, 물 1 / 2큰술, 소금 1 / 10작은술, 후추 조금을 잘 섞고, 참기름 1작은술을 둘러서 굽는다), 스위트 칠리소스, 코리앤더(생)를 함께 넣는다.

채소

[주로 생으로 먹는 채소]

잎채소 → p.14 / p.18 / p.38 / p.49 / p.75 / p.86 / p.88 / p.112

잎채소의 종류가 늘어나고 있다. 그중에서도 양상추인 프릴아이스 등 수경재배를 하는 잎채소는 농약을 쓰지 않아 안심하고 먹을 수 있다. 식감도 저마다 특징이 있어 샌드위치나 샐러드에 제격이다.

잎채소에는 샌드위치 하면 먼저 떠오르는 양상추 외에도 버터헤드레터스, 써니레터스, 경수채, 그린리프, 로메인, 물냉이, 루콜라, 어린잎채소 등이 있다. 색감과 식감, 맛과 향 등을 고려하여 샌드위치로 조합해 보자.

아삭한 식감과 싱싱함을 더하고 싶은 경우
양상추, 경수채, 로메인 등
폭신하고 부드러운 식감을 더하고 싶은 경우
버터헤드레터스, 써니레터스, 그린리프 등
쌉쌀한 맛, 알싸한 맛, 향을 더하고 싶은 경우
물냉이, 루콜라, 파슬리 등

잎채소 손질

1. 꼭지와 뿌리(잎 접합부)를 제거하고 잎을 1장씩 떼어 낸다.
2. 흐르는 물에 대고 잎을 1장씩 씻는다. 어린잎채소 등 잎이 작은 경우, 채소탈수기의 소쿠리나 일반 소쿠리에 채소를 담아 흐르는 물에 헹군다.
3. 2를 채소탈수기에 넣어 물기를 제거한다. 일반 소쿠리를 사용하는 경우 소쿠리를 위아래, 좌우로 흔들어 물기를 털어낸다.
4. 3에 비닐랩을 살짝 씌우고 냉장고에 넣는다.
5. 사용 직전, 키친타월 사이에 채소를 넣어 물기를 완전히 제거하고, 손으로 적당한 크기로 찢는다.
* 잎이 시들었을 때는 적당한 크기로 찢은 다음, 사람의 피부온도에 가까운 미지근한 물(35~40℃)에 1분 담근다. 그 후 만드는 방법 3과 동일하게 물기를 제거하고, 비닐랩을 살짝 씌워 냉장고에 넣어 둔다.

찐 양상추

재료
양상추 2장
만드는 방법

1. 양상추 2장을 키친타월 사이에 넣고, 전자레인지(500W)에 약 30초 가열한다.
* 잎채소를 듬뿍 먹고 싶을 때 추천하는 방법이다.
단, 양상추가 아닌 잎채소에는 적합하지 않다.

양상추 머스터드 → p.45

재료(크루아상 1개 분량)
양상추(p.143참조) 1장
홀그레인 머스터드 3/4작은술
올리브오일 1작은술
화이트와인 식초 조금
소금 조금
만드는 방법

1. 작은 볼에 머스터드와 올리브오일을 넣고, 작은 거품기로 잘 섞는다.
2. 양상추를 한입크기로 찢어 1에 넣고 잘 버무린다.
3. 맛을 보고, 식초와 소금으로 간을 한다.

타불레(레바논풍 파슬리 샐러드) → p.65

재료
파슬리(생) 3줄기(60g)
적양파 1/5개(40g)
방울토마토 5~6개
레몬즙 1큰술
올리브오일 1큰술
소금 1/4작은술
만드는 방법

1. 파슬리(잎만)를 다진다.
2. 양파, 토마토는 가로세로 5mm 크기로 깍둑썰기한다.
3. 작은 볼에 1, 2, 나머지 재료를 넣고 잘 버무린다.
* 원래는 이탈리안파슬리를 사용하지만, 일반 파슬리를 써도 된다.

새싹채소 / 알팔파 → p.45 / p.86 / p.112

새싹채소는 곡물류, 콩류, 채소의 종자를 인위적으로 발아시킨 새싹을 가리킨다. 이 책에서 사용하는 새싹채소는 무순(무순도 새싹채소의 일종)이 작아진 듯한 형태로, 줄기도 가늘고 전체적으로 부드러운 식감을 준다. 알팔파는 숙주와 비슷한 새싹채소로, 해외에서는 샌드위치나 샐러드의 악센트로 많이 사용한다. 싱싱하고 아삭한 식감이 특징이다.

종류	줄기 색	맛	어울리는 조합
브로콜리 새싹	흰색	특징이 없다	녹색을 곁들이고 싶을 때
적양배추 새싹	보라색	특징이 없다	다채로운 색감을 내고 싶을 때
머스터드 새싹 p.113	흰색	겨자처럼 알싸한 맛	고기 요리, 소시지,베이컨, 참치 통조림, 고등어 통조림
물냉이 새싹 p.45	흰색	알싸한 맛이 강한 물냉이 같은 맛	달걀 요리, 참치 통조림, 고등어 통조림
푸른 차조기 새싹	흰색	푸른 차조기 같은 맛	활어, 참치 통조림, 고등어 통조림

오이 → p.112

오이는 돌기를 제거하고, 깨끗이 씻은 다음 사용하자. 껍질을 얼마나 남길 것인지는 개인의 취향이지만, 얇게 썰 때는 가능하면 채칼을 이용하여 균일한 두께로 자른다.

오이 마리네이드 → p.63

재료

오이 1/2개
소금 1/8작은술
화이트와인 1작은술
또는 화이트와인 식초 1/4작은술

만드는 방법

1 오이는 채칼을 이용하여 두께 2㎜ 긴 띠모양으로 얇게 썬다.
2 1에 소금을 뿌리고, 최소 5분 재운 다음 물기를 짜낸다.
3 2에 화이트와인을 뿌린다.

맛있게 먹는 방법

• 오이 & 햄, 오이 & 훈제연어 등 오이가 들어가는 샌드위치라면 무엇이든 잘 어울린다.

토마토 → p.45 / p.87 / p.112

이 책에서는 일반 토마토와 방울토마토를 사용한다. 토마토는 꼭지를 떼고 깨끗이 씻은 다음 사용한다. 꼭지와 평행으로 둥글게 썰면 단면이 보기 좋게 나온다. 반달 모양으로 썰 때는 꼭지와 수직이 되도록 반을 자른 다음, 단면이 아래를 향하게 놓고 썬다. 슬라이스한 토마토는 키친타월 위에 가지런히 올려, 불필요한 수분을 제거한다.

토마토 껍질 벗기는 방법 → 직화구이 / p.81

1 토마토 위쪽에 십자모양으로 칼집을 내어, 꼭지를 따고 포크로 찌른 후 가스레인지 불에 껍질이 벗겨질 때까지 굽는다.
2 찬물에 담가 껍질을 벗긴다.

토마토 토스트

재료

토마토 1개
올리브오일 1큰술
소금 조금
식빵(두께 1.5㎝ 또는 2㎝) 1장

만드는 방법

1 토마토는 두께 5~8㎜로 둥글게 썬다.
2 빵에 1을 골고루 깐다. 면적이 넓은 토마토를 한가운데에 두고, 적당한 크기로 자른 토마토로 빈틈을 메운다.
3 2에 올리브오일을 두르고 소금을 뿌린다.
4 오븐토스터를 예열한 다음 3을 약 5분 굽는다.
✱ 빵 가장자리가 타기 쉬우므로 주의하면서 굽는다.

홈메이드 세미드라이 토마토 → p.10 / p.21 / p.39 / p.75 / p.89

재료

방울토마토 적당량
올리브오일 적당량

만드는 방법

1 방울토마토는 세로로 반 자른다.
2 오븐시트를 깐 오븐팬 위에 1을 나란히 올리고, 150℃로 예열한 오븐(상단)에 토마토 가장자리가 쭈글쭈글해질 때까지 1시간 ~1시간 30분 굽는다. 그대로 상온에 식힌다.
3 2가 완전히 식으면 끓는 물로 소독한 병에 2를 넣고, 토마토가 잠길 때까지 올리브오일을 부은 다음 뚜껑을 닫는다.

드라이토마토

이탈리아 요리에 빠질 수 없는 재료로, 토마토의 감칠맛이 응축되어 있다. 염분도 꽤 많기 때문에 아래 설명대로 불린 다음, 폭 5㎜로 채 썰어 사용한다. 올리브 대신 사용하거나 올리브와 함께 사용하면 응용범위가 넓어진다.

드라이토마토 불리는 방법

1 냄비에 물 500㎖, 식초(쌀식초 등) 1큰술을 넣고, 뚜껑을 덮어 센 불에 올린다.
2 1이 끓으면 불을 끄고, 드라이토마토 10개를 넣어 10~15분 담가 둔다.
3 2가 부드러워지면 물을 버리고, 키친타월로 물기를 제거한다.

어울리는 빵

포카치아 / 치아바타 / 뤼스티크 / 팽 드 로데브

맛있게 먹는 방법

• 호밀빵(묵직한 것)에 달걀샐러드(p.134 참조)를 넓게 올리고 드라이토마토, 안초비 필레를 함께 얹는다.

아보카도 → p.112

아보카도는 아래 표를 참고하여 감촉, 껍질색을 확인하고 용도에 맞게 숙성된 것을 고른다. 세로로 반 자른 다음 껍질과 씨앗을 제거한다.

단, 공기와 접촉하면 금방 갈변하므로 요리를 만들기 직전에 자른다.

용도	잘라서 사용	으깨서 사용
아보카도의 감촉	조금 부드러운 것	부드러운 것
아보카도의 껍질색	진한 녹색 껍질에 검은 반점이 있는 것	진한 녹색 부분이 거의 사라지고 거무스름한 것
레몬즙	원하는 두께로 자르고, 레몬즙을 전체에 뿌린다	포크로 으깬 다음 레몬즙을 듬뿍 뿌려 섞는다

과카몰리 → p.65
재료(p.80~81 포카치아 2개 분량)
양파 1/8개
코리앤더(생 / 잎 / 가능하면) 적당량
아보카도 1개(170g)
레몬즙 2작은술
소금 1/5작은술
만드는 방법
1 양파, 코리앤더를 다지고, 양파만 찬물에 담근다.
2 아보카도는 껍질과 씨앗을 제거하고, 마구썰기하여 절구에 넣는다. 레몬즙을 뿌리고, 절굿공이 등으로 굵게 으깬다.
3 2에 물기를 제거한 1의 양파, 코리앤더, 소금을 넣고 잘 버무린다.

아보카도와 피스타치오 스프레드 → p.34 / p.35 / p.115
재료(베이글 4개 분량)
아보카도 1개(170g)
마늘 1쪽(5g)
레몬즙 2작은술
피스타치오(껍질 포함) 50g
홀그레인 머스터드 1큰술
마요네즈 1큰술
만드는 방법
1 피스타치오는 껍질을 벗기고, 절구에 넣어 절굿공이 등으로 굵게 으깬다.
2 아보카도는 껍질과 씨를 제거하고, 마구썰기하여 1에 넣는다. 레몬즙을 두르고 굵게 으깨면서 섞는다.
3 2에 간 마늘, 홀그레인 머스터드, 마요네즈를 넣고 잘 버무린다.
맛있게 먹는 방법
얇게 잘라 토스트한 바게트, 식빵, 피타 등 플랫브레드에 딥소스로 곁들인다.

셀러리
셀러리는 줄기(흰 부분)와 잎(녹색 부분)으로 잘라 나눈다. 이 책에서는 주로 줄기를 사용하며, 표면에 있는 심은 필러 등으로 제거한다. 깨끗이 씻어 키친타월로 물기를 닦아내고, 용도에 맞는 형태로 쓴다.

맛있게 먹는 방법
• 오이가 들어가는 샌드위치에 오이 대신 사용해 보자. 개성 있는 맛의 샌드위치가 완성된다.

[주로 익혀 먹는 채소]

양파 → p.16
양파 슬라이스 → p.112 / p.113
싱싱하고 단맛이 많은 햇양파나 적양파를 추천한다. 일반 양파를 사용할 때는 되도록 얇게 썰고, 찬물에 5~10분 담가 매운맛을 뺀다.

양파 스테이크 → p.87
재료
양파 1개
버터(또는 올리브오일) 적당량
만드는 방법
1 양파를 두께 1cm로 썰고, 키친타월을 깐 내열접시에 올린 다음 비닐랩을 씌운다.
2 1을 전자레인지(500W)에 3분~3분 30초 가열하고, 나온 수분을 키친타월로 완전히 닦아 낸다.
3 프라이팬에 버터를 중불에 가열하고, 2를 넣은 다음 양쪽면에 구운 색이 들 때까지 굽는다.

양파 콩피 → p.11 / p.34 / p.35 / p.39
재료
양파 400g
올리브오일 2 큰술
에르브 드 프로방스 1/2~1작은술
소금 1/4작은술
후추 조금
만드는 방법
1 양파는 결 방향에 직각으로, 되도록 얇게 슬라이스한다.
2 키친타월을 깐 내열접시에 1을 넓게 올리고, 비닐랩을 씌운 다음 전자레인지(500W)에 5~6분 가열한다. 가열 후 나온 수분은 키친타월로 완전히 닦아낸다.
3 냄비에 올리브오일을 중불로 가열하고, 2를 넣은 다음 양파가 갈색이 될 때까지 볶는다.
4 3에 나머지 재료를 넣고 잘 섞는다.
맛있게 먹는 방법
• 바게트, 곳페빵, 롤빵에 디종머스터드를 바르고, 구운 소시지나 두껍게 썬 베이컨과 함께 넣는다.
• p.11 「피살라디에르풍 타르틴」을 식빵이나 캉파뉴로 만든다.

파프리카 → p.112
색감도 좋고, 생으로 먹어도 맛있는 파프리카는 샌드위치 속재료로도 제격이다. 생으로 사용할 때는 단맛과 싱싱함을 더 잘 느낄 수 있도록 얇게 썬다.

파프카구이

재료

파프리카(빨강 또는 노랑) 1개

만드는 방법

1 파프리카를 오븐토스터나 가스레인지 그릴에 껍질 전체가 검게 그을릴 때까지 충분히 굽는다.
2 1을 알루미늄포일로 완전히 감싼다.
3 2가 식으면 껍질을 벗기고, 남은 껍질이나 재는 물에 적신 키친타월로 닦아낸다.
4 꼭지와 씨를 제거하고, 용도에 맞는 형태로 자른다.

파프리카 마리네이드 → p.83

재료

파프리카 1개
소금 조금
올리브오일 1큰술
식초 1작은술

만드는 방법

1 파프리카구이(위 참조)를 만들고, 폭 1cm로 썬다.
2 작은 볼에 1을 넣고, 나머지 재료를 넣어 가볍게 주무른다.
＊ 발사믹식초를 추천하지만, 색이 변하는 것이 싫다면 화이트와인 식초를 대신 사용한다.

무함마라(파프리카와 호두 페이스트) → p.65

재료

파프리카(빨강) 1개(170g)
마늘 1/2쪽(2.5g)
호두(생) 40g
고추(둥글게 썬) 1/2개
올리브오일 1큰술
소금 1/4작은술

만드는 방법

1 파프리카구이(위 참조)를 만들고, 마구썰기한다.
2 호두는 프라이팬이나 오븐토스터에 고소한 향이 날 때까지 굽는다. 마늘은 굵게 다진다.
3 푸드프로세서에 1, 2, 나머지 재료를 넣고 페이스트 상태가 될 때까지 섞는다.

맛있게 먹는 방법

• 얇게 썰어 토스트한 바게트, 식빵, 피타 등 플랫브레드에 딥소스로 곁들인다.
• 베이글에 무함마라를 바르고, 닭고기구이 또는 소테(p.138 참조), 원하는 잎채소를 순서대로 넣는다.

양배추

생으로 샌드위치에 사용하는 경우, 식감이 좋아지도록 심을 반드시 제거하고 되도록 가늘게 채썬다.

홈메이드 사우어크라우트 → p.96 / p.101

재료

양배추 1/2통(500g)
소금 10g(양배추의 2%)
원하는 향신료나 허브(가능하면) 적당량

만드는 방법

1 양배추는 심을 제거하고 채썬다.
2 캐러웨이를 사용할 경우 가볍게 으깨어 향을 낸다. 딜을 사용할 경우 줄기째 씻어서 듬성듬성 썬다.
3 볼에 1을 넣고, 소금을 전체에 묻힌다. 양배추에서 수분이 나와 숨이 죽을 때까지, 깨끗한 손으로 잘 주무른 다음, 2를 섞는다.
4 3을 끓는 물로 소독한 병에 조금씩 넣고, 그때마다 밀대 끝부분으로 충분히 누르면서 채운다.
5 채썬 양배추가 양배추에서 나온 수분에 잠기도록 하여 바로 비닐랩을 올리고, 뚜껑을 덮은 다음 3일~1주일 동안 서늘한 곳에 둔다(날이 따뜻해지면 냉장고에 보관한다).
＊ 캐러웨이(씨)나 딜(생)을 추천한다.
＊ 애매하게 남은 양배추로 만들어 두면, 샌드위치나 요리 등에 폭넓게 사용할 수 있다.

어울리는 빵

호밀빵 / 캉파뉴 / 전립분, 그레이엄 밀가루를 사용한 빵

맛있게 먹는 방법

• 만든 지 1주일이 넘지 않은 것은 간단 사우어크라우트(아래 참조)와 동일한 방법으로 먹는다. 1주일 넘은 것은 수프나 조림요리에 넣는다.

간단 사우어크라우트 → p.65

재료

양배추 1/4통(250g)
캐러웨이 1/2작은술
후추(흑/홀) 5알
물 2큰술
소금 1/4~1/3작은술
화이트와인 식초 1/2큰술

만드는 방법

1 홈메이드 사우어크라우트 만드는 방법 1, 2와 동일한 방법으로 작업한다. 후추도 가볍게 으깨어 향을 낸다.
2 내열접시에 1의 양배추를 올리고, 물을 뿌린다.
3 2에 비닐랩을 씌우고 전자레인지(500W)에 3~4분 가열한다.
4 3이 한 김 식으면, 살짝 짜내고 볼에 담은 후 소금을 전체에 묻힌다.
5 4에 식초, 향신료를 더하여 잘 섞는다.
＊ 적양배추로 만들어도 좋다.

맛있게 먹는 방법

• 바게트, 곳페빵, 롤빵에 홀그레인 머스터드를 바르고, 구운 소시지나 두껍게 썬 베이컨과 함께 넣는다.
• 빵에 디종머스터드(가능하면)를 바르고, 돼지고기 리예트(p.139 참조)와 함께 넣는다.

코울슬로

재료

양배추 1/4통(250g)

당근 1/3개(50g)

레몬즙 2작은술

소금 1/2작은술

물 2큰술

마요네즈 1+1/2큰술 (15g)

후추 조금

만드는 방법

1 양배추는 심을 제거하고 채썬다. 당근은 껍질을 벗기고 가로세로 5㎜ 크기로 깍둑썰기한다.

2 내열접시에 1을 올리고 물을 뿌린다.

3 2에 비닐랩을 씌우고 전자레인지(500W)에 3~4분 가열한다.

4 3이 한 김 식으면, 살짝 짜내고 볼에 담은 후 소금을 전체에 묻힌다.

5 4에 나머지 재료를 넣고 잘 버무린다.

＊ 적양배추를 사용해도 좋다.

＊ 옥수수(통조림 또는 삶은 것)나 참치 통조림이 있으면 넣어도 좋다.

어울리는 빵

흰 빵 계열 / 전립분을 사용한 빵

맛있게 먹는 방법

• 굵게 간 후추가 들어간 햄(없으면 후추를 듬뿍 뿌린 햄)과 함께 넣는다.

• 햄에그(식물성기름 1/2큰술을 가열하여 햄 1장, 달걀 1개를 순서대로 넣고 소금, 후추를 뿌린 다음 원하는 굳기가 될 때까지 가열한다)와 함께 넣는다.

당근

당근라페 → p.65

재료

당근 1개(150g)

비네그레트소스

　화이트와인 식초 1/2큰술

　소금 1/5~1/4작은술

　꿀(또는 메이플시럽) 1작은술

　올리브오일 2큰술

　후추 조금

만드는 방법

1 비네그레트소스를 만든다. 볼에 식초, 소금을 넣고 작은 거품기로 휘저으면서 소금을 잘 녹인다.

2 1에 꿀, 올리브오일을 순서대로 넣고, 그때마다 잘 섞는다. 후추를 뿌린다.

3 당근은 껍질을 벗기고, 채칼로 2에 직접 썰어 넣어 잘 버무린다.

맛있게 먹는 방법

• 빵, 단백질 계열 재료, 유제품을 쓰지 않았기에 어디에나 잘 어울린다.

• 토스트한 식빵에 모타델라(p.136 참조), 사우어크라우트(p.146 참조)와 함께 넣는다.

반미용 당근라페 → p.15

재료

당근 1개(150g)

느억맘을 넣은 단식초

　쌀식초 1큰술+1작은술

　설탕 15~20g

　물 1큰술

　느억맘 1큰술

　고추(둥글게 썬) 1/2개

만드는 방법

1 느억맘을 넣은 단식초를 만든다. 볼에 식초, 설탕을 넣고 작은 거품기로 휘저으면서 설탕을 잘 녹인다.

2 1에 나머지 재료를 넣고 잘 섞는다.

3 당근은 껍질을 벗기고 채칼로 2에 직접 썰어 넣어 잘 버무린다.

맛있게 먹는 방법

• 빵에 땅콩버터(가능하면)를 바르고 찜닭(p.138 참조), 슬라이스한 오이와 함께 넣는다.

감자

크리미한 매시트포테이토 → p.17 / p.68 / p.111 / p.112

재료

감자(큰 것) 2개(400g)

버터 40g

우유 80㎖

생크림 40㎖

소금 1/4작은술

백후추(파우더) 조금

만드는 방법

1 감자는 껍질을 벗겨 두께 1.5㎝로 둥글게 썰고, 물에 최소 5분 담근다.

2 버터는 잘라 5등분한다.

3 냄비의 2/3 높이까지 물을 붓고, 뚜껑을 덮어 약불에 올린다.

4 3이 끓으면, 물기를 제거한 1을 넣고 중불로 약 20분 삶는다.

5 4가 완전히 부드러워지면 뜨거운 물을 버린다. 감자를 다시 냄비에 담고, 중불에 올려 수분을 날린다.

6 5를 불에서 내리고, 2를 더하여 절굿공이 등으로 곱게 으깬다.

7 6에 우유, 생크림을 넣고 약불에 올린 다음, 부드러운 페이스트 상태가 될 때까지 휘저으면서 가열한다.

8 소금, 후추로 간을 한다.

＊ 생크림이 없을 때는 우유를 해당 분량만큼 더 넣는다.

맛있게 먹는 방법

• 빵에 제노베제(p.154 참조)를 바르고, 생햄과 함께 넣는다.

• 잎새버섯 버터소테(p.148 참조)와 함께 넣는다.

타라모살라타 → p.65 / p.112

재료

명란젓(어란만) 30g(1/3개 분량)

감자(큰 것) 1개(200g)

레몬즙 1작은술

마요네즈 1큰술

후추 조금

만드는 방법

1 크리미한 매시트포테이토(p.147 참조) 만드는 방법 **1**, **3~5**와 동일한 방법으로 작업한다.

2 **1**을 불에서 내리고, 절굿공이 등으로 굵게 으깬다.

3 **2**에 나머지 재료를 넣고 균일해질 때까지 섞는다.

4 맛을 보고, 부족하면 소금(분량 외)으로 간을 한다.

맛있게 먹는 방법

• 얇게 잘라 토스트한 바게트, 식빵, 피타 등 플랫브레드에 딥소스로 곁들인다.

• 식빵(두께 1.5cm) 사이에 넣는다. 김이나 푸른 차조기잎을 함께 넣어도 좋다.

봄베이 포테이토 → p.63

재료

감자(중간 크기) 2개(250g)

식물성기름 1/2큰술

머스터드(씨) 1/4작은술

커민(씨) 1/4작은술

월계수잎 1장

소금 1/4작은술

터메릭(파우더) 1/8작은술

코리앤더(파우더) 1/8작은술

타바스코소스 조금

만드는 방법

1 크리미한 매시트포테이토(p.147 참조) 만드는 방법 **1**, **3~5**와 동일한 방법으로 작업한다.

2 **1**을 삶는 동안 작은 프라이팬에 기름, 머스터드, 커민, 찢어서 3등분한 월계수잎을 넣고, 약불에 올려 향신료 향을 기름에 배게 한다.

3 **1**을 불에서 내리고, 볼에 옮긴다.

4 **3**에 **2**(월계수잎 제외)와 나머지 재료를 넣고, 감자를 굵게 으깨면서 섞는다.

맛있게 먹는 방법

• 식빵으로 핫샌드위치를 만든다. 슬라이스한 스위트피클, 슈레드 치즈를 함께 넣어도 좋다.

올리브오일 포테이토 샐러드 → p.72

맛있게 먹는 방법

• 잘게 나눈 고등어 통조림, 물냉이 새싹과 함께 넣는다.

• 모타델라(p.136 참조), 루콜라와 함께 넣는다.

양송이버섯

슬라이스하여 생으로 먹어도 맛있는 양송이버섯. 흰색과 갈색이 있는데, 갈색이 향과 감칠맛이 강하며 다른 식재료의 감칠맛을 살려준다.

버섯과 호두 스프레드 → p.34 / p.39

재료(캉파뉴 3~4장 분량)

양송이버섯 50g

새송이버섯 50g

잎새버섯 50g

마늘 1~2쪽(5~10g)

호두 50g

올리브오일 40mℓ

소금 1/4작은술

후추 조금

만드는 방법

1 버섯류는 키친타월로 더러운 부분을 닦아낸다. 양송이버섯, 새송이버섯은 마구썰기하고, 잎새버섯은 작은 송이로 찢어 나눈다. 마늘은 반으로 잘라 으깬다.

2 프라이팬에 올리브오일, **1**의 마늘, 호두를 넣고 중불에 올린 다음, 마늘에 노릇한 색이 살짝 들 때까지 가열한다.

3 **2**에 **1**의 버섯류, 소금을 넣고 숨이 죽을 때까지 볶는다. 마늘이 갈색으로 변하면 꺼내 둔다.

4 푸드프로세서에 **3**(마늘도 함께)을 넣고 후추를 뿌린 다음, 걸쭉한 페이스트 상태가 될 때까지 섞는다.

* 3가지 버섯은 무엇이든 상관없다(표고버섯, 만가닥버섯, 느타리버섯 등). 버섯의 총 무게가 150g만 되면 괜찮다.

맛있게 먹는 방법

• 캉파뉴에 매시트포테이토(p.147 참조)와 함께 올린다.

• 캉파뉴에 가볍게 볶은 생햄, 잘게 썬 파슬리와 함께 올린다.

잎새버섯 → p.17

잎새버섯 버터소테

재료

잎새버섯 50g

버터 5~10g

소금, 후추 조금씩

만드는 방법

1 잎새버섯은 작은 송이로 찢어 나눈다.

2 작은 프라이팬에 버터를 중불로 녹이고, **1**을 넣어 버터와 잘 섞이도록 가볍게 볶는다.

3 맛을 보고 소금, 후추로 간을 한다.

가지

가지는 두께 7~8mm로 둥글게 썰어 구우면(p.149 참조) 샌드위치의 속재료가 된다.

바바 가누스(구운 가지 페이스트) → p.65

재료

가지 1개(150g)

마늘 1/2쪽(2.5g)

레몬즙 1큰술

참깨 페이스트(흰깨) 1큰술

간 참깨(흰깨) 2큰술

올리브오일 1/2큰술

소금 1/4작은술

만드는 방법

1 가지를 가스레인지 그릴이나 오븐토스터에 껍질 전체가 그을릴 때까지 굽는다.

2 1의 껍질과 꼭지를 제거하고 마구썰기한다. 마늘은 굵게 다진다.

3 푸드프로세서에 2, 나머지 재료를 넣고 페이스트 상태가 될 때까지 섞는다.

맛있게 먹는 방법

• 얇게 잘라 토스트한 바게트, 식빵, 피타 등 플랫브레드에 딥소스로 곁들인다.

• p.24「터키풍 고등어 샌드위치」의 빵에 바른다.

시금치

시금치 갈릭소테 → p.83

재료

시금치 2포기(70g)

올리브오일 1/2큰술

마늘(얇게 썬) 4개

소금, 후추 조금씩

만드는 방법

1 시금치는 뿌리를 제거하고 길이 5㎝로 썬다.

2 작은 프라이팬에 올리브오일, 마늘을 넣고 중불에 올린다.

3 마늘이 살짝 노릇해지면 1의 줄기, 잎을 순서대로 넣고 뚜껑을 덮어 30초 가열한다. 뚜껑을 열고 시금치가 숨이 죽을 때까지 볶는다.

4 소금, 후추로 간을 한다.

＊ 만드는 방법 2에서 고추 1/4개 분량을 둥글게 썰어 넣어도 좋다.

시금치 버터소테 → p.86

재료

시금치 2포기(70g)

버터 5~10g

소금, 후추 조금씩

만드는 방법

1 시금치는 뿌리를 제거하고 길이 5㎝로 썬다.

2 작은 프라이팬에 중불로 버터를 녹이고 1을 줄기, 잎 순서대로 넣은 후 뚜껑을 닫아 30초 가열한다. 뚜껑을 열고 숨이 죽을 때까지 볶는다.

3 맛을 보고 소금, 후추로 간을 한다.

[조리해서 먹는 채소]

샌드위치에 어울리는 대표적인 채소는 「생채소」이지만, 조금만 정성을 들이면 여러 가지 채소가 조리를 통해 빵이나 샌드위치에 어울리는 속재료로 변신한다.

피클 → p.112

시판 피클(외국산)은 대부분 작은 오이를 사용하며, 일반 식초에 절인 것과 단식초에 절인 것(「스위트피클」이라 불리는 종류)으로 크게 나뉜다. 프랑스의 파테 드 캉파뉴(p.139 참조)나 리예트(p.139 참조)를 먹을 때 빠지지 않는 「코니숑」은 전자에 해당하며, 맥도날드 햄버거에 들어 있는 피클은 후자에 해당한다. 용도에 맞게 구분해서 사용한다.

홈메이드 피클 → p.11 / p.62 / p.98

재료

오이 2개

셀러리(줄기) 1줄기

피클액

　식초(취향에 따라) 60㎖

　물 100㎖

　설탕 40g

　소금 10g

　월계수잎 2장

만드는 방법

1 피클액을 만든다. 작은 냄비에 재료를 모두 넣어 잘 섞고, 중불에 올린다.

2 1이 끓기 시작하고 소금과 설탕이 완전히 녹으면 불에서 내린다.

3 오이(p.144 참조), 셀러리(p.145 참조)는 각 페이지를 참조하여 손질하고, 막대썰기한다.

4 3을 밀폐용기에 나란히 담고, 한 김 식힌 2를 붓는다. 피클액이 완전히 식으면 뚜껑을 덮어 냉장고에 넣는다.

＊ 피클액은 총 300g의 채소를 2시간 절이면 알맞은 맛이 되는 분량이다. 너무 오래 절이면 맛이 진해지므로, 원하는 맛이 되었을 때 피클액에서 꺼내고 다른 밀폐용기에 담아 보관하기를 추천한다.

＊ 피클액은 같은 양의 채소를 4번 정도 넣어 사용할 수 있다. 3번째부터는 소금을 더하여 맛을 보고, 단맛이 부족하면 설탕을 보충한 다음 다시 살짝 끓여서 사용한다.

＊ 단맛이 나지 않는 피클을 만들고 싶을 때는 설탕을 넣지 않고 만든다.

피클에 어울리는 채소

파프리카 / 당근 / 순무 / 래디시 / 방울토마토

채소구이 → p.34 / p.80

재료

가지 1개

주키니 1개

양파 1개

파프리카(빨강, 노랑) 1개씩

연근 4cm
올리브오일 적당량
소금 적당량
에르브 드 프로방스 적당량

만드는 방법

1 채소는 필요하면 껍질을 벗기고, 두께 7~8mm로 둥글게 썬다.
2 1을 볼에 담고, 올리브오일을 두른 다음 손으로 채소 전체에 묻힌다.
3 오븐시트를 간 오븐팬에 2를 겹치지 않게 나란히 올리고 소금, 에르브 드 프로방스를 뿌린다.
4 3을 220℃로 예열한 오븐에 30분 굽는다.
* 에르브 드 프로방스 대신 다른 말린 허브(로즈메리, 타임, 오레가노 등)를 사용해도 좋다.
* 구운 다음 발사믹식초를 뿌려도 좋다.

구이에 어울리는 채소
호박 / 당근 / 가는 아스파라거스

어울리는 빵
포카치아 / 치아바타 / 뤼스티크 / 팽 드 로데브

맛있게 먹는 방법
• 밀라노살라미(가능하면 / p.136 참조), 얇게 깎은 파르미자노 레자노 또는 치즈가루와 함께 넣는다.

[콩]

병아리콩

후무스(병아리콩 페이스트) → p.26 / p.34 / p.65 / p.110 / p.112

재료
병아리콩(물에 삶은) 120~140g
마늘 1/2쪽(2.5g)
레몬즙 1큰술+1/2작은술
올리브오일 1+1/2큰술
참깨 페이스트(흰깨) 2큰술
소금 1/4작은술

만드는 방법

1 마늘은 굵게 다진다.
2 푸드프로세서에 1과 나머지 재료를 넣고, 페이스트 상태가 될 때까지 섞는다.
* 병아리콩 대신 다른 콩(물에 삶은)을 사용해도 좋다.

맛있게 먹는 방법
• 얇게 잘라 토스트한 바게트, 식빵, 피타 등 플랫브레드에 딥소스로 곁들인다.
• 빵에 후무스를 바르고 당근라페(p.147 참조), 마구썰기하여 튀김 옷 없이 튀긴 가지를 함께 넣는다.

당근 후무스 → p.89

재료
당근 70g

후무스 재료(위 참조)

만드는 방법

1 당근은 껍질을 벗겨 주사위모양으로 썰고, 내열접시에 넓게 올린 다음 비닐랩을 살짝 씌운다. 부드러워질 때까지 전자레인지(500W)에 약 2분 가열한다.
2 후무스 만드는 방법 2(위 참조)에 1을 넣고, 동일한 방법으로 섞는다.

과일

[주로 생으로 먹는 과일] → p.34 / p.61 / p.69

사과 → p.44

사과를 생으로 빵과 함께 먹을 때는 A＝껍질째로 두께 3mm 웨지모양으로 썰거나, B＝채썬다. 썬 다음에는 갈변을 막기 위해 소금물에 담가 둔다.

맛있게 먹는 방법
• 바게트, 뤼스티크, 팽 드 로데브에 버터를 넉넉히 바르고 A를 넣는다. 여기에 두께 1cm의 카망베르치즈나 브리치즈를 넣어도 좋다.
• 식빵에 크림치즈를 바르고, 으깬 블루치즈를 올려 오븐토스터에 굽는다. 그 위에 B를 넓게 올리고 꿀을 두른다.

캐러멜 사과 → p.63 / p.111

재료
사과 1개(300g)
설탕 40g
물 1큰술
카다몬(파우더) 2꼬집

만드는 방법

1 사과는 껍질과 심을 제거하고, 두께 7mm의 은행잎모양으로 썬다.
2 작은 냄비에 설탕, 물을 넣고 중불에 올린다. 가끔씩 흔들면서 캐러멜색이 될 때까지 가열한다.
3 2에 1을 더하고, 가끔씩 휘저으면서 수분이 날아갈 때까지 졸인다.
4 3을 불에서 내리고, 카다몬을 넣어 가볍게 섞는다.

서양배

서양배를 생으로 빵과 함께 먹을 때는 껍질과 심을 제거하고 A＝두께 1cm 웨지모양으로 자르거나, B＝마구썰기 또는 가로세로로 1cm 크기로 깍둑썰기한다.

맛있게 먹는 방법
• 바게트, 뤼스티크, 팽 드 로데브에 버터를 넉넉히 바르고, 판형 비터초콜릿과 함께 A를 넣는다.
• 바게트에 버터를 넉넉히 바르고, B와 으깬 블루치즈를 섞어서 넣는다.

바나나 → p.112 / p.113

바나나를 생으로 빵과 함께 먹을 때는 용도에 맞는 형태로 자르고, 갈변을 막기 위해 레몬즙을 뿌린다.

맛있게 먹는 방법
- 빵에 초콜릿 스프레드(또는 누텔라)를 바르고, 먹기 좋은 크기로 썬 바나나를 넣는다.
- 두께 5㎜로 둥글게 썬 바나나를 듬뿍 올리고 시나몬 파우더, 그래뉴당을 뿌린다.

구운 바나나 → p.74

재료
바나나 1/2개
그래뉴당 1작은술
무염버터 또는 올리브오일 적당량

만드는 방법
1 바나나는 껍질을 벗기고 가운데에 칼집을 낸다.
2 알루미늄포일을 깐 오븐팬(또는 알루미늄포일)에 1을 올린다.
3 2의 칼집 안쪽과 바깥쪽에 그래뉴당을 뿌린다.
4 3을 오븐토스터로 바나나에 살짝 구운 색이 들 때까지 굽는다.
5 4에 작게 자른 버터를 올리거나 올리브오일을 두른다.

맛있게 먹는 방법
- 크루아상 또는 곳페빵에 바닐라 아이스크림과 함께 넣는다.

딸기 → p.51 / p.74

딸기를 생으로 빵과 함께 먹을 때는 꼭지를 떼고 용도에 맞는 형태로 자른다. 반으로 또는 웨지모양으로 자르거나 가로 또는 세로로 슬라이스하는 등 자르는 방법에 따라 다양한 표현이 가능하다.

어울리는 빵
브리오슈 / 크루아상 / 식빵 / 곳페빵 / 버터롤

맛있게 먹는 방법
- 휘핑크림(p.158 참조)이나 커스터드크림(p.159 참조), 또는 2가지를 함께 넣는다.
- 휘핑크림과 함께 넣고, 메이플시럽이나 꿀을 두른다.
- 레어 치즈케이크 스프레드(p.158 참조)와 함께 넣는다.
* 딸기 대신 키위, 멜론, 파인애플, 복숭아, 무화과, 감, 비파 등을 사용해도 좋다.

[콩피튀르 / 잼 / 프리저브] → p.34 / p.44 / p.91 / p.112

이 책에서는 「과일을 설탕에 졸인 것」 중에 프랑스 빵이나 요리에 알맞은 것을 「콩피튀르」, 그 밖의 것은 「잼」 또는 「프리저브」로 구분하여 표기했다. 다음에 소개할 레시피는 만드는 방법이 프랑스식이기 때문에 「콩피튀르」로 분류한다. 과일을 해당 분량보다 많이 사용할 때는 가열시간, 불을 끄고 섞는 시간을 조금 넉넉히 잡는다.

딸기 콩피튀르 → p.44 / p.97

재료
딸기 1팩(300g 내외)
레몬즙 1큰술
그래뉴당 계량 후 딸기의 3/4 분량

만드는 방법
1 딸기는 꼭지를 떼서 씻고, 물기를 제거한 다음 무게를 잰다.
2 1을 바탕으로 그래뉴당의 양을 계산하여 무게를 잰다.
3 1을 2등분이나 4등분 등 원하는 크기로 썬다. 자르지 않은 채로 사용하고 싶다면 그대로 둔다.
4 냄비에 3, 2, 레몬즙을 순서대로 넣고, 그래뉴당이 골고루 묻도록 나무주걱으로 전체를 섞는다.
5 4에 비닐랩을 씌우고 상온에 하룻밤 두어 딸기의 수분을 충분히 제거한다.
6 냄비를 센 중불에 올리고, 나무주걱으로 계속 휘젓는다. 끓으면 거품을 걷어낸다.
7 6에 보글거리며 큰 거품이 나기 시작하면 4~5분 계속 휘젓는다.
8 불을 끄고 3~4분 더 휘젓는다.
9 8을 끓는 물로 소독한 병에 넣는다. 뚜껑을 완전히 닫고, 병을 뒤집어 식힌다.

무화과 콩피튀르 → p.34 / p.39 / p.51

재료
무화과 300g
레몬즙 1/2큰술
그래뉴당 무화과의 1/2분량

만드는 방법
1 딸기 콩피튀르와 만드는 방법이 동일하다. 단, 만드는 방법 1에서 무화과의 꼭지만 제거하고, 껍질은 남긴다. 만드는 방법 3에서 세로로 4등분하여 각각 반으로 자른다.

사과와 키위 콩피튀르

재료
사과 1/2개(150g)
키위 1개
레몬즙 1작은술
그래뉴당 계량 후 사과와 키위의 2/3 분량

만드는 방법
1 딸기 콩피튀르와 만드는 방법이 동일하다. 단, 만드는 방법 1에서 사과는 껍질과 심을 제거하고, 키위는 껍질을 벗긴다. 만드는 방법 3에서 사과는 가로세로 1㎝ 크기로 깍둑썰기하고, 키위는 한입크기로 썬다. 만드는 방법 7에서 딸기보다 약 2분 더 가열한다.

사과와 메이플시럽 프리저브 → p.91

재료
사과 1개(300g)
물 100㎖
화이트와인 100㎖
설탕 30g
메이플시럽 3큰술
시나몬(파우더) 2꼬집
카다몬(파우더) 2꼬집

만드는 방법

1 사과는 껍질과 심을 제거하고 주사위모양으로 썬다.
2 작은 냄비에 물, 화이트와인, 설탕을 넣고 중불에 올린 다음 가끔씩 휘저으면서 설탕을 녹인다.
3 2가 끓으면 1을 넣고, 조림용 뚜껑(오토시부타)를 덮은 다음 약불에 20분 졸인다.
4 3을 불에서 내리고, 냄비에 담은 채로 사과를 절굿공이 등으로 으깬다.
5 4에 메이플시럽, 향신료를 순서대로 넣고, 다시 중불에 올린다. 가끔씩 섞으면서 수분이 날아갈 때까지 졸인다.
6 5를 끓는 물로 소독한 병에 넣는다. 뚜껑을 완전히 닫고, 뒤집어 식힌다.

어울리는 빵

브리오슈 / 크루아상 / 식빵

맛있게 먹는 방법

• 이 프리저브로 p.63 「애플 핫샌드위치」를 만든다.

레몬커드 → p.33 / p.46

맛있게 먹는 방법

• 베이글에 크림치즈와 함께 바른다.
• 호밀빵에 레어 치즈케이크 스프레드(p.158 참조)와 함께 바른다.
• 브리오슈에 휘핑크림(p.158 참조)과 함께 바른다.

럼시럽 밤조림 → p.47

재료(크루아상 3개 분량)

깐 밤 1봉지(80g)
레몬즙 2~3방울
물 100㎖
설탕 50g
럼주 1큰술

만드는 방법

1 작은 냄비에 물, 설탕, 레몬즙을 넣고 중불에 올린 다음, 가끔씩 휘저으면서 설탕을 녹인다.
2 1이 끓으면 밤을 넣고, 오븐시트로 조림용 뚜껑(오토시부타)을 만들어 덮은 다음 약불에 약 10분 졸인다.
3 2의 액체가 걸쭉해지면 뚜껑을 제거하고, 럼주를 부어 가볍게 섞는다. 뚜껑 없이 2~3분 조린 다음, 불에서 내린다.
＊ 시간이 지나면 단단해지므로 되도록 빨리 먹는다.

[주로 말려서 먹는 과일]

건과일

건과일은 뜨거운 물에 5~20분 담근 다음 사용하는 것이 좋다. 부드러워지고, 주변에 묻은 기름 등을 제거할 수 있다.

깊은 풍미와 강한 단맛을 지닌 건과일
(건포도, 푸룬, 말린 무화과, 대추야자 등)
럼주, 브랜디, 과일 증류주, 아와모리(오키나와의 전통주) 등에 담근다.

그대로 또는 잘게 다지고 크림치즈나 버터에 섞어서 사용한다.

신맛이 강한 건과일
(건살구, 크랜베리, 블루베리 등)
잘게 다져서 바닐라 아이스크림, 가나슈(p.159 참조), 연유 등에 섞는다.

견과류

아몬드(p.75, p.103)와 호두(p.51, p.74)가 대표적이다. 헤이즐넛(p.97)은 구하기 어렵지만 3번째로 사용하고 싶은 견과류다. 그 밖에 땅콩, 캐슈너트, 피스타치오, 피칸, 잣 등도 빵과 어울린다.
이 책에서 견과류는 무염으로 구운 것을 사용하는 것이 기본이다. 직접 굽는 편이 맛있는 경우, 굽지 않은 것을 준비하여 오븐토스터나 프라이팬에 굽도록 표기했다. 짭짤한 맛이 더해진 견과류는 소금을 씻어내거나, 요리에 들어가는 소금의 양을 조절한다.

아몬드버터 → p.33 / p.34 / p.91

재료(식빵 2~3장 분량)

아몬드(구운/무염) 80g
설탕 1/2큰술
소금 1/10작은술

만드는 방법

1 푸드프로세서에 재료를 모두 넣고, 기름이 배어나와 페이스트 상태가 될 때까지 섞는다.

맛있게 먹는 방법

• 캉파뉴에 바르고, 메이플시럽을 두른다.
• 식빵에 바르고, 그래뉴당을 뿌려 오븐토스터에 굽는다.

호두앙금 → p.75

재료(잼빵 2개 분량)

호두(구운/무염) 50g
설탕 15~20g

만드는 방법

1 푸드프로세서에 재료를 모두 넣고, 촉촉한 앙금 상태가 될 때까지 섞는다.

소스 · 스프레드 · 토핑 등

심플 키마카레

재료(2인분)

다진 돼지고기 150g
양파 1개(250g)
마늘 1쪽(5g)
생강 1쪽(5g)
토마토 1개(150g)
커민(씨) 1작은술
카레가루 1작은술
코리앤더(파우더) 1작은술
터메릭(파우더) 1작은술

식물성기름 2큰술
물 100㎖
소금 1작은술
후추 조금

만드는 방법

1 양파, 마늘, 생강은 다지고 토마토는 한입크기로 썬다. 커민은 살짝 으깨어 향을 낸다.
2 프라이팬에 기름 1큰술, 1의 커민을 넣고 약불에 올려, 커민향이 기름에 배게 한다.
3 2에 1의 마늘, 생강을 넣고 마늘이 노릇해질 때까지 볶는다.
4 3에 1의 양파를 넣고 단맛이 나올 때까지 볶는다. 중간에 수분이 부족해지면 물(분량 외) 2큰술 정도 보충하는 과정을 2~3번 반복하면서 볶은 다음, 트레이에 옮긴다.
5 같은 프라이팬을 중불에 올려 남은 기름을 넣고, 기름이 뜨거워지면 다진 고기를 덩어리째 넣은 다음 양쪽면에 충분히 구운 색이 들도록 굽는다. 그 다음 덩어리진 고기를 풀어주면서 볶는다.
6 5에 4, 1의 토마토를 넣고, 토마토의 수분이 날아갈 때까지 볶는다.
7 6에 코리앤더, 터메릭, 카레가루를 순서대로 넣고, 그때마다 약불로 잘 볶는다.
8 7에 물, 소금을 넣고 수분이 어느 정도 사라질 때까지 중불로 조린다.
9 8에 후추를 넣고 가볍게 섞는다.
10 맛을 보고 소금, 사용한 향신료(모두 분량 외)로 간을 한다.

맛있게 먹는 방법

- 식빵에 카레, 슬라이스한 완숙달걀(p.134 참조), 슬라이스치즈를 순서대로 올려 오븐토스터에 굽는다.
- 버터에 볶은 옥수수(가능하면 삶은 것), 슈레드치즈와 함께 넣어 핫샌드위치를 만든다.
- 토스트한 식빵에 크림치즈를 바르고 양상추, 토마토 슬라이스, 양파 슬라이스와 함께 넣는다.
- 식빵을 주머니 자르기(p.57 참조)하여 카레를 채운다.

즉석 화이트소스

재료

버터 20g
우유 200㎖
박력분 2큰술
소금 1/4작은술
백후추(파우더) 조금

만드는 방법

1 작은 내열용기에 버터를 넣고, 비닐랩을 살짝 씌워 전자레인지(500W)에 30초 가열한다.
2 1에 박력분, 소금, 후추를 넣고 작은 거품기로 밀가루가 뭉치지 않을 때까지 잘 섞는다.
3 2에 비닐랩을 살짝 씌워 전자레인지(500W)에 30초 가열한다.
4 3에 우유를 3번 나누어 붓고, 그때마다 잘 어우러질 때까지 골고루 섞는다.

5 4에 비닐랩을 살짝 씌워 전자레인지(500W)에 1번째 2분, 2번째 1분, 3번째와 4번째 30초씩 가열하고, 그때마다 잘 섞으면서 걸쭉해질 때까지 가열한다.

맛있게 먹는 방법

- 식빵(두께 1.5㎝) 2장의 단면에 각각 버터를 바르고, 1장에 화이트소스를 발라 햄을 올린 다음 다른 1장을 덮는다. 그 위에 슈레드치즈를 듬뿍 올려, 오븐토스터에 치즈가 녹아 구운 색이 들 때까지 굽는다.

레몬 풍미 토마토소스 → p.70

재료

레몬(가능하면 국내산) 1개
마늘 3쪽(15g)
물 100㎖
올리브오일 3큰술
토마토 통조림(가능하면 다이스드) 400g
꿀 1큰술
소금 1/2작은술

만드는 방법

1 레몬은 껍질의 노란 부분을 벗기고 되도록 잘게 자른다.
2 작은 냄비에 물, 1을 넣어 중불에 올리고, 끓으면 5분 가열한다.
3 다른 냄비에 올리브오일과 다진 마늘을 넣어 중불에 올리고, 마늘이 노릇해질 때까지 가열한다.
4 3에 토마토, 2의 레몬 끓인 물(레몬껍질은 따로 둔다), 소금을 넣은 다음 끓으면 뚜껑을 덮고, 물기가 사라질 때까지 약불로 20~30분 조린다.
5 4에 꿀을 넣어 잘 섞은 다음, 맛을 보고 소금(분량 외)으로 간을 한다.

홈메이드 타프나드 → p.10

재료

올리브(블랙/씨 제거) 80g
마늘 1/2쪽 (2.5g)
케이퍼 1/2작은술 (9알)
바질 (생/잎/다진) 1큰술 (2.5g)
말린 무화과(소프트 타입) 20g
올리브오일 2큰술
발사믹식초 1큰술

만드는 방법

1 올리브, 무화과, 마늘은 4등분으로 자른다.
2 푸드프로세서에 1과 나머지 재료를 넣고, 페이스트 상태가 될 때까지 섞는다.

어울리는 빵

바게트 / 뤼스티크 / 팽 드 로데브 / 포카치아 / 치아바타

맛있게 먹는 방법

- 빵에 바른 다음 달걀샐러드(p.134 참조), 양파 슬라이스를 함께 넣는다.
- 빵에 바른 다음 밀라노 살라미(p.136 참조), 루콜라 또는 물냉이를 함께 넣는다.

이케다 히로아키 지음

작가 / 빵 연구소 「팡라보」 운영자

사가현 출생. 일본 전역의 맛있는 빵을 찾아다니며 빵에 대한 글을 쓰는 빵 마니아. 저서로 『빵 욕구』(세계문화사), 『식빵을 맛있게 먹는 99가지 방법』(가이드 웍스), 『내가 평생 다니고 싶은 빵집』(매거진하우스) 등이 있다. 일본산 밀의 맛을 전하는 「새로운 밀 콜렉션」으로도 활약 중이다.

야마모토 유리코 지음

과자 · 요리연구가 / 카페오레볼 수집가

후쿠오카현 출생. 일본여자대학 가정학부 식품학과를 졸업한 후, 1997년에 프랑스로 건너가 파리에 12년 동안 거주했다. 그때 파리의 리츠 에스코피에와 르 꼬르동 블루에서 프랑스 과자를 공부하고 3성급 레스토랑, 호텔, 제과점에서 경력을 쌓았다. 2000년에 단행본을 내면서 작가로 데뷔했고, 지금까지 30권이 넘는 저서를 출간했다. 인스타그램 야마모토호텔(山本ホテル)에 일상사진을 올리고 있다.

황세정 옮김

이화여자대학교 식품영양학과를 졸업했으며, 동 대학 통역번역대학원 일본어 번역과 석사를 취득했다. 취미 삼아 시작한 일본어에 푹 빠져 번역가의 길을 선택했다. 번역서와 같지 않다는 말을 최고의 칭찬으로 여기며 오늘도 자연스러운 문장을 만들기 위해 힘쓰고 있다. 현재 엔터스코리아 출판 기획 및 일본어 전문 번역가로 활동 중이다. 『일본 카레요리 전문셰프 8인의 도쿄 카레』, 『잼 콩포트 시럽』 등을 번역했다.

빵 ─ 취급 설명서

펴낸이 유재영 ┃ **펴낸곳** 그린쿡 ┃ **지은이** 이케다 히로아키, 야마모토 유리코 ┃ **옮긴이** 황세정

기 획 이화진 ┃ **편 집** 이준혁 ┃ **디자인** 정민애

1판 1쇄 2022년 7월 7일

출판등록 1987년 11월 27일 제10-149
주소 04083 서울 마포구 토정로 53(합정동)
전화 02-324-6130, 324-6131
팩스 02-324-6135
E-메일 dhsbook@hanmail.net
홈페이지 www.donghaksa.co.kr
        www.green-home.co.kr
페이스북 www.facebook.com/greenhomecook
인스타그램 www.instagram.com/__greencook

ISBN 978-89-7190-834-1 13590

• 이 책은 실로 꿰맨 사철제본으로 튼튼합니다.
• 잘못된 책은 구매처에서 교환하시고, 출판사 교환이 필요할 경우에는 사유를 적어 도서와 함께 위의 주소로 보내주십시오.
• 이 책의 내용과 사진의 저작권 문의는 주식회사 동학사(그린쿡)로 해주십시오.

일본어판 스태프 촬영 시미즈 겐고, 다카하시 에리나, 야마모토 유리코, 이케다 히로아키 ┃ 일러스트 Aki ishibashi ┃
디자인 요시다 쇼헤이, 다나카 유미(shiroi-rittai)